Schriften der Mathematisch-naturwissenschaftlichen Klasse
der Heidelberger Akademie der Wissenschaften
Nr. 19 (2008)

Hans Mohr

Einführung in (natur-)wissenschaftliches Denken

Professor Dr. Dr. h.c. mult. Hans Mohr
Institut für Biologie II der Universität
Schänzlestraße 1
79104 Freiburg i. Br.
felicitas.adobatti@biologie.uni-freiburg.de

ISBN 978-3-540-78595-8 Springer Berlin Heidelberg New York

Mit 4 Abbildungen

Bibliografische Information der Deutschen Bibliothek
Die Deutsche Bibliothek verzeichnet diese Publikation in der Deutschen Nationalbibliografie; detaillierte bibliografische Daten sind im Internet über http://dnb.ddb.de abrufbar.

Springer-Verlag ist ein Unternehmen von Springer Science+Business Media
springer.de

Printed in Germany

Umschlaggestaltung: WMXDesign GmbH, Heidelberg
Satz und Umbruch durch PublicationService Gisela Koch, Wiesenbach
mit einem modifizierten Springer LaTeX-Makropaket
Gedruckt auf säurefreiem Papier 5 4 3 2 1 0

Widmung

Zweifellos war das 20. Jahrhundert vor allem eine Epoche von Wissenschaft und Technik. Unter Wissenschaft verstehe ich jene Disziplinen, die gesichertes kognitives Wissen hervorbringen, also in erster Linie die Naturwissenschaften, die Logik und die Mathematik.

Die Bündelung des Wissens erfolgt in Form von Theorien (Kapitel 2.2). Eine wissenschaftliche Theorie lässt sich nach zwei Kriterien beurteilen: Nach ihrer philosophisch-erkenntnistheoretischen Bedeutung und nach den technischen Anwendungen, die sie zur Folge hat. Nach beiden Kriterien ist die Quantentheorie die wichtigste Gedankenschöpfung im 20. Jahrhundert gewesen. Am 14. Dezember 1900 hat Max Planck seine Quantenformel erstmals einem Kreis von Wissenschaftlern in Berlin vorgestellt und damit die Tür in eine neue physikalische und technische Welt aufgestoßen. Ebenfalls im Jahr 1900 begann mit der Wiederentdeckung der Mendel'schen Gesetze durch Correns, Tschermak und de Vries das Zeitalter der Genetik. Das im 19. Jahrhundert von Charles Darwin entworfene Evolutionskonzept erhielt damit eine feste rationale Basis.

Nach Max Weber ist das Kennzeichen unserer Epoche die geistige und wirtschaftliche Rationalisierung. Zum 20. Jahrhundert gehören aber auch schreckliche Rückfälle in ideologischen Fanatismus und Barbarei. Und am Anfang des 21. Jahrhunderts mussten wir erfahren, dass doktrinäre Fundamentalisten in ihrem Hass gegen Aufklärung und wissenschaftliche Rationalität nach wie vor den gewalttätigen Zusammenprall mit der modernen Welt suchen.

Vor diesem Hintergrund ist die hier vorgelegte Studie entstanden. Sie ist der jungen Generation gewidmet, zu der auch meine Enkel zählen.

Im Sommer 2007 *H. Mohr*

Zielsetzung

Was soll der vorliegende Text leisten? Es geht – aus der Sicht eines Hochschullehrers – um eine Einführung in jene Vorkenntnisse, die man braucht, wenn man die Naturwissenschaften verstehen und in das Lebensganze einordnen will. Mit meinem Text verfolge ich das Ziel, junge Leute fachübergreifend an die Naturwissenschaften und an die Technik heranzuführen und ihnen die Auswirkungen wissenschaftlicher Erkenntnisse auf das ganze menschliche Leben bewusst zu machen. ‚Fachübergreifend' bedeutet, dass den jungen Menschen die grundsätzlichen Fragestellungen, die methodischen Ansätze und die prinzipiellen Ergebnisse der Naturwissenschaften nahe gebracht werden. Das Ziel ist eine (natur-)wissenschaftliche Grundbildung, die – wie mir von allen Seiten bestätigt wird – das Gymnasium nicht mehr leisten kann.

Natürlich möchte ich mit meinem Text nicht nur Abiturienten, Studenten und Lehrer, sondern möglichst viele Mitbürger erreichen. Mein Buch soll generell zu einem besseren Umgang mit dem positiven Wissen unserer Zeit beitragen. Der Zusammenhang zwischen einem stabilen Wissenskörper und der individuellen und gesellschaftlichen Lebenskompetenz sollte jedem Menschen so früh wie möglich aufgehen: Ohne Wissen gibt es keine Mündigkeit. Dabei geht es nicht nur um das theoretisch-kognitive Wissen, sondern ebenso um die neuen Kategorien – Verfügungswissen und Orientierungswissen.

Für den vorliegenden Text gibt es ein Vorbild. In einer kritischen Phase der Universität, in der zweiten Hälfte der 60er Jahre, habe ich versucht, über eine Serie von Rahmenvorträgen zu meiner „Einführung in die Biologie" Einfluss auf das Geschehen zu nehmen. Mein Ziel war es, wie heute auch, die Freude am wissenschaftlichen Denken zu wecken und die Entwicklung der Urteilskraft zu fördern. Daraus ist mein erstes Buch entstanden, ein bescheidener Band mit dem unbescheidenen Titel „Wissenschaft und menschliche Existenz – Vorlesungen über Struktur und Bedeutung der Wissenschaft". Mein Freund Fritz Hodeige hat die Niederschrift in der Reihe rombach hochschul paperback 1967 publiziert. Trotz einiger giftiger Besprechungen in linken Medien war das dünne Büchlein ein Erfolg. Es erreichte die Zielgruppen und es erreichte seinen Zweck.

In meiner „Rechtfertigung" habe ich mich damals auf einen Appell bezogen, den Eckart Heimendahl kurz zuvor an uns gerichtet hatte und der mich in meinem Widerstand gegen die neomarxistischen Thesen der Frankfurter Soziologenschule bestärkte:

„Auch bei uns ist eine gesellschaftliche Verpflichtung unerlässlich, aber keine zu einer staatspolitisch gelenkten Soziologie, sondern zu einer die Beziehung von Fach- und Weltbildung erschließenden zeitgeschichtlichen Wissenschaftslehre."

Mein Ziel ist es heute, mit einem neuen Text zu dieser wissenschaftlichen Grundbildung beizutragen. Der vorliegende Text richtet sich an die junge Generation. Es war der Wunsch einiger Studenten, Lehrer und Professoren, der mich bewogen hat, den Text zusammen zu stellen. Dabei hat mir mein Freund und Kollege Rainer Hertel mit seinem Wissen und seinem Scharfsinn geholfen. Ich danke ihm auch an dieser Stelle herzlich für sein Engagement. Meine Frau Iba und Professor Dosch, Heidelberg, haben das Manuskript aus verschiedenen Blickwinkeln (Biochemie, theoretische Physik) kritisch und konstruktiv gegen gelesen. Auch ihnen danke ich ganz herzlich.

Die beiden Bücher, die ich in den letzten Jahren über verwandte Themen publiziert habe, wurden für andere Zielgruppen verfasst:

- Meine Akademie-Schrift ‚Strittige Themen im Umfeld der Naturwissenschaften' (Springer 2005, inzwischen vergriffen) richtete sich vorrangig an meine Kollegen aus den Akademien der Wissenschaften.
- Die Studie zum Thema ‚Wissen und Demokratie' (Rombach 2006) berichtet hingegen über meine Erfahrungen als Direktor an der Akademie für Technikfolgenabschätzung. Sie richtet sich in erster Linie an Politiker und an jene Mitbürger, die an einem Verständnis des ökonomischen und politischen Wandels unserer Zeit interessiert sind. Dieser Wandel wird vorrangig vom wissenschaftlichen Fortschritt angetrieben.

Überschneidungen zwischen den drei Texten ließen sich trotz der unterschiedlichen Zielgruppen nicht vermeiden. Ich bitte dafür um Verständnis.

Inhaltsverzeichnis

1

Wissen

1.1 Die Bedeutung des Wissens

„Die Zukunft gehört der Wissensgesellschaft. ... Wissen ist die wichtigste Ressource.“ (Roman Herzog 1998) – „Wissen ist von zentraler Bedeutung, und aus diesem Grund ist es absolut erforderlich, daß wir verstehen, wie Menschen und Gesellschaften Wissen bilden und nutzen ... “ (Weltentwicklungsbericht 1998/99).

In der Tat:

Die Zukunft wird nur dann der ‚Wissensgesellschaft‘ gehören, wenn der jungen Generation Sachwissen, Orientierungswissen und Kompetenz im *Umgang* mit Wissen vermittelt werden. Die Mythen der Kulturgeschichte werden uns nicht leiten können, wenn es um die Gestaltung der Zukunft geht. Die Gebildeten von morgen brauchen ein Sach- und Orientierungswissen, das der Welt von morgen gerecht wird. Es geht nicht nur um die richtigen Technologien, sondern ebenso um die Tugenden der Industriekultur und um die Zukunft des Politischen in einem Zeitalter der ökonomischen Globalisierung. Von welchem Blickwinkel aus wir die Komplexität der modernen Welt betrachten: Zu mehr Wissen und Aufklärung gibt es keine Alternative.

1.2 Formen des Wissens

Für den Umgang mit Wissen wurden eine ganze Reihe von Wissenskategorien vorgeschlagen: Faktenwissen, Alltagswissen, Expertenwissen, Institutionenwissen, historisches Wissen, wissenschaftliches Wissen ...

Die von mir bevorzugte Wissensordnung stützt sich auf drei Kategorien: kognitiv-theoretisches Wissen, Verfügungswissen, Orientierungswissen.

- Kognitiv-theoretisches Wissen gibt uns die Antwort auf die Frage: Was ist tatsächlich der Fall?
  Das kognitiv-theoretische Wissen ist die Domäne der Wissenschaft. Dieses Wissen ist ungeheuer reich. Die Frage ist, wie viel von diesem Wissen in den Wissenkörper eines gebildeten Menschen Eingang finden sollte (Kapitel 1.3).
- Verfügungswissen ist anwendungsfähiges Wissen. Es gibt uns eine Antwort auf die Frage: Wie kann ich etwas, was ich tun will, tun? Verfügungswissen bedeutet Machenkönnen.

Als Quelle des Verfügungswissens dient in der heutigen Welt vorrangig das theoretisch-kognitive Wissen. Die Transformation von ‚Erkenntnis' in Verfügungswissen ist Aufgabe der ‚Experten'. Experten sind vermutlich der größte Schatz, den ein Land in der modernen Welt besitzen kann. Die Welt, in der wir leben, ist geprägt vom Verfügungswissen. Wir alle leben vom Verfügungswissen, und wir leben besser, weit besser, als jemals Menschen vor uns gelebt haben. Wer dies nicht anerkennt, weiß einfach nicht – oder will es nicht wissen – wie unsere Vorfahren gelebt und gelitten haben, und wie die meisten von ihnen gestorben sind. Aber Verfügungswissen ist blind! Es gibt uns keine Antwort auf die Frage nach der *richtigen* Führung unseres Lebens.

Der unverzichtbare Partner des Verfügungswissen ist deshalb das

- Orientierungswissen. Es gibt uns eine Antwort auf die Frage: Was soll ich tun? – Wie soll ich handeln? – Wie kann ich im ethischen Sinn ein ‚gutes Leben' führen? Orientierungswissen bedeutet Kultur, reflektiertes Leben.
  Die Quellen des Orientierungswissens sind unsere genetisch erworbenen Antriebe und Verhaltensweisen, unsere Traditionsanpassungen – Sitten, Gebräuche, Moralen, Religionen – und die bewusst konzipierten und explizit kodifizierten Normen (Gesetze, Verfassungen). Man unterscheidet individuelle und öffentliche Orientierungen. Die prägende Wirkung religiöser Glaubensinhalte für das Orientierungswissen ist – zumindest in der westlichen Welt – im Schwinden begriffen. Ein wesentlicher Grund dafür ist das Ausscheiden von Theologie und Metaphysik aus dem Kanon der Wissenschaften (→ Seite 88). Moderne Theologen verzichten deshalb darauf, moraltheologischen Urteilen absolute Gültigkeit zuzusprechen. Sie wissen, dass in einer pluralen Gesellschaft moraltheologischen Positionen – wenn überhaupt – nur noch vernunftphilosophisch Geltung verschafft werden kann: Theologischer Fundamentalismus ist auch bei der Frage nach dem richtigen Orientierungswissen keine zukunftsfähige Option.

Der gegenwärtige Stand und die absehbare Entwicklung der Welt lassen sich mit der skizzierten Wissensordnung auf zwei einfache Formeln reduzieren:

- Verfügungswissen bildet die Grundlage der (globalisierten) Technik und Ökonomie.
- Globalisiertes Orientierungswissen – im Sinn eines ‚Weltethos' – sollte die Grundlage des Handelns in einer technologisch und ökonomisch globalisierten Welt bilden.

Das Problem liegt natürlich beim Orientierungswissen. Aber auch die Skeptiker müssen zugestehen, dass es zu einer Globalisierung des Orientierungswissens keine Alternative gibt: ein ‚Weltethos' ist unvermeidlich.

1.3 Erziehung durch Wissen

Wenn von Erziehung die Rede ist, stellt sich zunächst die Frage nach dem Ziel: Erziehung wozu?

Wir leben in einer liberalen pluralistischen Welt, in der die Ziele im Streite liegen. Wir haben uns von der Herrschaft zwingender Doktrin befreit. Und die meisten von uns sind glücklich darüber.

Aber umso drängender stellt sich die Frage: Wer setzt die Ziele, wenn es um Erziehung geht? Welche Rolle spielen Wissen und Bildung in der heutigen Pädagogik?

Die Bedeutung des Wissens ist unbestritten. Wir leben in einer Wissensgesellschaft. Wissen gilt als wichtigster Produktionsfaktor. Aber Wissen ist auch, sozusagen am Betriebswirtschaftlichen vorbei, zum wichtigsten Statusfaktor geworden: Ansehen, Mündigkeit, Handlungsfähigkeit, Arbeit und Einkommen sind an den Wissenskörper (body of knowledge) des Einzelnen gekoppelt wie nie zuvor in der Kulturgeschichte.

Wie entsteht ein Wissenskörper? Bevor ich diesen Prozess beschreiben kann, muß ich einige klärende Aussagen über den Zusammenhang von Information und Wissen machen. Das Wort ‚Information' bezeichnet in der heutigen Umgangssprache eine Nachricht oder eine Nachrichtenserie, die potentiell das Wissen des Empfängers vermehrt. Den Gesamtvorgang nennt man ‚Lernen'. Die Frage ist, welche Information tatsächlich in den Wissenskörper des Empfängers eingebaut wird. Wir werden auf immer schnelleren Wegen mit immer mehr Information überschüttet. In der Regel wird ein Großteil der ankommenden Information nicht integriert, sondern als Informationsmüll entweder abgewehrt oder sofort wieder vergessen.

Wie unterscheiden wir ‚wichtige Information' vom ‚Informationsmüll'?

Alle Erfahrungen deuten darauf hin, daß der einzelne Mensch nach den Kriterien seines bereits existierenden ‚Wissenskörpers' wichtige Information und Informationsmüll unterscheidet. Der Wissenskörper bewertet die ankommende Information danach, ob sie es wert ist, in den Wissenskörper integriert zu werden. Die Bedeutung eines stabilen, klar strukturierten Wissenskörpers, den Erziehung, Bildung und Ausbildung schaffen, wird neuerdings wieder hoch eingeschätzt, weil man versteht, daß es dieser Wissenskörper ist, der quantitativ und qualitativ die Assimilation neuer Information in zusätzliches, kohärentes Wissen bestimmt. Sicher, es gibt heute – im Zeitalter des Internet – ebensowenig ein Patentrezept für intelligentes Lernen wie im Zeitalter des gesprochenen oder gedruckten Wortes. Aber zweifellos hat die Bedeutung einer soliden Allgemeinbildung, die bereits in jungen Jahren einen stabilen Wissenskörper schafft, enorm zugenommen.

Der Wissenkörper des Einzelnen macht im wesentlichen die Individualität des gebildeten Menschen aus. Für das Zusammenleben der Menschen ist es unabdingbar, daß darüber hinaus ein *kollektiver* Wissenskörper existiert, an dem alle mehr oder minder teilhaben und der die Kommunikation und die Verständigung ermöglicht. Der gemeinsame Wissenskörper hat somit – über den kulturellen Zusammenhalt hinaus – eine eminent wichtige **politische** Funktion. Er ist die Voraussetzung für die Teilhabe eines Menschen an der Gesellschaft.

In einem freiheitlichen Gemeinwesen gibt es in der Tat keine staatsbürgerliche Erziehung ohne Wissen. Denn wer nichts weiß, muß alles glauben. Die Unwissenden waren seit jeher die Lieblingsobjekte politischer Doktrin. „Zu Unwissenden werden wir euch schulen", so kennzeichnete Peter Kunze die Indoktrinationsstrategie in der ehemaligen DDR.

Ziel der Erziehung ist der gebildete Mensch: Bildung soll den Menschen dazu befähigen, die Welt kognitiv zu verstehen und in ihr vernünftig zu handeln. Entsprechend muß es in unserem Wissenskörper Platz geben für unterschiedliche Formen des Wissens: kognitives Wissen und handlungsbezogenes Wissen. Beim letzteren unterscheiden wir Verfügungswissen und Orientierungswissen (Kapitel 1.2).

Alle drei Wissensformen – kognitives Wissen, Verfügungswissen und Orientierungswissen – müssen im Wissenskörper des modernen Menschen ihren Platz finden und sich gegenseitig stützen. Die Balance macht den gebildeten Menschen aus.

Wo liegen die Probleme?

Unser Bildungskanon ist rückwärts gewandt, sowohl beim kognitiven als auch beim Orientierungswissen. Elternhaus und Schule, die prägenden Institutionen, sind in der Regel nicht gewillt, die Rahmenbedingungen der modernen Zeit zu reflektieren. Der Bildungsprozeß hält nicht Schritt mit dem Erkenntnisprogress der positiven Wissenschaften und mit der technologisch-ökonomischen Eigendynamik der modernen Welt. Der bürgerliche Bildungskanon ist nach wie vor auf literarische Kompetenz zentriert. Es ist zum Verzweifeln, daß es uns zum Beispiel nicht gelingt, **ökonomisches** Wissen in den Bildungskanon der allgemein bildenden Schulen zu integrieren, oder daß der Literaturprofessor Dietrich Schwanitz im Jahr 2001 in seinem Bestseller „Bildung – alles was man wissen muß" dreist verkünden konnte: „Naturwissenschaftliche Kenntnisse müssen zwar nicht versteckt werden, aber zur Bildung gehören sie nicht". Wenn Schwanitz repräsentativ für die deutsche literarische und feuilletonische Intelligenz sein sollte, so hat es mein Kollege Ernst Peter Fischer in einer glänzenden Replik formuliert, können sich die Forscher unserer Zeit um ein Verständnis der Naturwissenschaften und der modernen Technologien bemühen, wie sie wollen; sie werden an der Borniertheit der etablierten literarischen Kultur scheitern.

Dies hätte unabsehbare Folgen für unser Land, aber auch für das Verhältnis der Generationen. Die jungen Leute wachsen mit Computern auf, in der Welt des Internet. Sie sind weit mehr als ihre Eltern und Lehrer am wissenschaftlichen Weltbild und an technologischen Innovationen interessiert. Sie möchten gerne jene technologischen und ökonomischen Kräfte **verstehen**, von denen sie täglich leben.

Sie sind unabhängiger als jede Generation vor ihnen, und sie richten den Blick nach vorne. Wenn wir, die Alten, die neuen Blickwinkel und das neue Lebensgefühl nicht respektieren, dann fragen sie uns gar nicht mehr, sondern machen und leben ihren eigenen Werte-Mix.

Bildung durch Wissen soll den Menschen dazu befähigen, die Welt, in der wir leben, hic et nunc, kognitiv zu verstehen und in ihr vernünftig zu handeln. ‚Vernünftig handeln' setzt Wissen voraus! Es geht nicht nur um die Bewertung von Technologien und um die richtige Ökonomie, sondern ebenso um die Tugenden der Industriekultur und um die Zukunft des Politischen in einer Zeit der ökonomischen Globalisierung. Ungeheure Themen! Wir dürfen die junge Generation nicht allein lassen.

Der Bildungskanon von Schwanitz, der hermeneutische Umgang mit den Mythen der Kulturgeschichte, zu dem die Alten neigen, wird der jungen Generation nicht jene Kompetenz vermitteln, die sie für die Bewältigung des Fortschritts braucht. Unserem Erziehungsauftrag werden wir nur dann gerecht, wenn auch wir – die Alten – unser Denken nach vorne richten.

Sonst wird die Welt von morgen nicht mehr die unsrige sein. Wir können die Güter unserer Tradition, an denen wir hängen, nur dann bewahren, wenn wir sie mit dem Neuen, dem Unerhörten, verknüpfen und wenn wir diese Synthese **vorleben**. Erziehung durch glaubwürdige Vorbilder – das zählt im Endeffekt mehr als alle Worte und Strategien.

Bildung, die Formung und Ausgestaltung des Wissenskörpers, ist ein lebenslanger Prozess; ein *aktiver* Prozess, der die Anstrengung des Gedankens voraussetzt. Bildung fällt uns nicht einfach zu. Aber die Anstrengung lohnt sich! Es geht ja nicht um Belangloses, sondern um die Frage, wie wir durch den Umgang mit Wissen unser Leben gestalten und die Zukunft meistern.

1.4 Wissen und Intelligenz

Intelligenz gilt als eine herausragende Eigenschaft des Menschen. Die Fähigkeit, richtig und schnell zu denken und zu urteilen, bildet den Kern der Intelligenz. Der Intelligenz kommt für die gesamte Lebensführung eine Schlüsselrolle zu. Auch die neueren Studien (F. E. Weinert) belegen, dass Erwachsene mit hoher kognitiver Leistungsfähigkeit im Beruf durchweg erfolgreich sind, während unterdurchschnittlich intelligente Menschen eher schlechte berufliche Aussichten haben.

Die Intelligenz eines Individuums ist eine zusammengesetzte Größe. Der einflussreiche amerikanische Psychologe Raymond Cattell unterschied zum Beispiel zwischen fluider und kristalliner Intelligenz. Diese Kategorisierung hat sich bewährt.

Fluide Intelligenz umfasst jene intellektuellen Fähigkeiten, die weitgehend Kultur-ungebunden sind. Es handelt sich um die grundlegende, biologisch bestimmte Lern- und Denkkapazität des Individuums.

Kristalline Intelligenz hingegen umfasst die kulturspezifischen Wissensinhalte und Denkgewohnheiten. Kristalline Intelligenz bezieht sich also auf die inhaltliche Ausgestaltung des Denkens und Urteilens. Hier kommt das erworbene Wissen ins Spiel.

Die psychologische Erfahrung lehrt, dass der Bereich der fluiden Intelligenz altersbedingte Einbußen aufweist, während die kristalline Intelligenz bis ins Alter wachsen oder zumindest stabil bleiben kann.

Wenn es um die für viele moderne Berufe besonders wichtige Schnelligkeit der Informationsverarbeitung und des Denkens geht, lässt sich bereits ab dem frühen Erwachsenenalter ein Rückgang der durchschnittlichen Leistungen feststellen.

Andererseits kann man davon ausgehen, dass in vielen Fällen ein altersbedingter Abbau der (fluiden) Intelligenz durch das Entstehen von mehr oder minder berufsspezifischem Fakten- und Handlungswissen ausgeglichen werden kann.

Mehr noch: Das kultivierte Urteil, das der kristallinen Intelligenz entspringt, ist ein Privileg der reifen Jahre. Es ist nicht mehr die Geschwindigkeit des Denkens, auch nicht die Bewältigung der Fülle des neuen Sachwissens, was uns im Alter auszeichnet. Es ist eher die erprobte Urteilskraft, die wir Alten in den Diskurs um die Zukunft der Wissenschaft und der res publica einbringen können.

Der Intelligenzquotient, IQ, gilt als Maßzahl für die individuelle Intelligenz. Ausgangspunkt ist ein standardisierter Intelligenztest. Er soll die wichtigen Komponenten der Intelligenz angemessen berücksichtigen. Einer Konvention der Fachleute folgend, wird der Testwert als Abweichung vom Mittelwert der Bevölkerung angegeben. Dabei wird eine Normalverteilung des IQ in der Population angenommen, mit 100 als Mittelwert und einer Standardabweichung von 15. Der IQ repräsentiert natürlich nur jene Aspekte der Intelligenz, die im Test berücksichtigt werden. Allerdings sind die Testfragen allmählich so verfeinert worden, dass sie das Phänomen Intelligenz weitgehend erfassen.

Die individuellen Unterschiede im IQ-Test sind enorm. Die im Moment vor mir liegenden Rohtestwerte, die ausgewählte Gruppen repräsentieren – von gymnasialen Oberstufenschülern mit Mathematik-Leistungskurs bis zu ungelernten Arbeitern der gleichen Alterskohorte –, reichen von 260 bis 40.

Die Frage ist, wie es zu diesen Unterschieden kommt. Sind die offensichtlichen Unterschiede zwischen den Menschen erblich bedingt oder sind sie auf Unterschiede in der persönlichen Geschichte, zum Beispiel auf unterschiedliche Erziehung und Unterweisung zurückzuführen? Anders gefragt: Ist die Variation, die wir beobachten, in erster Linie biologische Variation, oder ist sie in erheblichem oder gar in weitem Maße sozial bedingt?

Eine wissenschaftlich richtige Antwort auf diese Frage ist deshalb so wichtig, weil wir an den erblichen Unterschieden nichts, an den sozial bedingten Unterschieden aber sehr wohl etwas ändern könnten.

Bei der Analyse der Variation in menschlichen Populationen hat sich die Errechnung und Auswertung von Korrelationskoeffizienten für Verwandtenähnlichkeit besonders bewährt. Der Korrelationskoeffizient ist ein Maß für die Stärke des Zusammenhangs zwischen zwei Größen. Wir stellen uns zum Beispiel die Frage, welcher Zusammenhang zwischen jeweils der Körpergröße, der Armlänge, dem Blutdruck, der Intelligenz (gemessen als Intelligenzquotient, IQ) oder der Schulleistung bei eineiigen Zwillingen, bei zweieiigen Zwillingen, bei Geschwistern, bei leiblichen und Pflegekindern usw. besteht. Bei allen Merkmalen, die eben genannt wurden, findet man, dass Personen einander um so ähnlicher sind, je näher sie miteinander verwandt sind. Eineiige Zwillingspartner haben beispielsweise eine fast identische Körpergröße und nahezu denselben Intelligenzquotienten, zweieiige Zwillingspartner hingegen ähneln sich wie normale Geschwister. Adoptivkinder zeigen bezüglich ihrer Intelligenz keine erhebliche Korrelation mit den Adoptiveltern, hingegen ist der Korrelationskoeffizient gegenüber der leiblichen Mutter auch dann beträchtlich, wenn zwischen Kind und Mutter seit der Geburt keinerlei Beziehungen bestanden haben, usw.

Aus den Daten der alle Verwandtschaftsgrade umfassenden Korrelationsforschung muss man den gleichen Schluss ziehen wie aus den Fallstudien der klassischen Zwillingsforschung: Unter den derzeit gegebenen Umweltbedingungen ist in einer typischen westeuropäischen oder nordamerikanischen Bevölkerung ein beträchtlicher Teil der Variation auf Unterschiede im Erbgut zurückzuführen. Wie für körperliche Merkmale, gilt dies auch für geistige, zum Beispiel für die Intelligenz.

Innerhalb der Wissenschaft besteht Konsens dahingehend, dass die in unserer Gesellschaft messbaren individuellen Unterschiede im IQ in erheblichem Maße erblich bedingt sind. Sie sind nicht primär darauf zurückzuführen, dass die Menschen unterschiedlichen Umweltbedingungen, zum Beispiel unterschiedlichen Lernbedingungen, ausgesetzt waren oder sind.

Die Neurophysiologen bestätigen die Befunde der Entwicklungspsychologen. Dreidimensionale Bilder des arbeitenden Gehirns erlauben die Erstellung anatomischer und funktionaler Landkarten der Großhirnrinde. Die farbigen Reliefbilder des Gehirns und die Untersuchungen zur Ausdehnung der grauen Substanz (d. h. der Neuronenkörper) in den Stirnlappen beider Gehirnhälften bei unterschiedlich verwandten Probanden führten zum folgenden Ergebnis: „Die Volumina der grauen Substanz in den Stirnlappen und in den Sprachzentren der Schläfenlappen waren bei eineiigen Zwillingen praktisch gleich; bei zweieiigen Zwillingen hingegen fanden sich erhebliche Unterschiede … Die Ergebnisse der Studie bedeuten, dass die Ausbildung des funktionellen Gehirns im wesentlichen durch genetische Faktoren bestimmt wird."

Intelligenzgene nennt man solche Gene, deren Ausfall zu Defekten bei der Intelligenzentwicklung führt. Intelligenzgene sind überproportional auf dem X-Chromosom lokalisiert. Da das X-Chromosom des Mannes von der Mutter stammt – der Vater steuert ja nur das in diesem Zusammenhang unwichtige Y-Chromosom bei – ist die Intelligenz der männlichen Nachkommen ein „Kunkel-Lehen". Damit wird die alte Erfahrung der Bauern ausgedrückt, dass die kluge junge Frau mit ihrem Spinnrocken (Kunkel) die Intelligenz des Hoferben ins Haus bringt.

Die menschliche Intelligenz hat sich während der Evolution des Homo sapiens in den letzten 100 000 Jahren ungewöhnlich schnell entwickelt. Dieser Schluss lässt sich aus den uns überlieferten Artefakten und aus den kulturellen Entwicklungen begründen (Werkzeuge, Strategien bei Jagd und Krieg, Landwirtschaft, Urbanisierung). Als Erklärung wird die Begünstigung der Eigenschaft ‚Intelligenz' bei der Partnerwahl angeführt: Frauen suchten sich – zumindest in der späteren Phase der Menschheitsentwicklung – offenbar nicht nur starke, sondern auch intelligente Partner aus. Außerdem muss man mit einer starken Heiratssiebung zugunsten der Intelligenz rechnen („Gleich zu gleich gesellt sich gern"). Dafür gibt es viele Belege aus der Kulturgeschichte:

- Unter den Ostjuden gab es zum Beispiel die Regel, dass die Tochter des erfolgreichsten Kaufmanns einer Gemeinde einen Rabbi heiraten sollte.
- Im alten China hatten die gescheiten Knaben die Chance, unabhängig von ihrer Herkunft zu Mandarinen aufzusteigen. Damit verbunden war das Privileg, in die führenden Familien einzuheiraten.

Weiterführende Literatur zu 1

Clar, G., Doré, J., Mohr, H. (Hrsg.) (1997) Humankapital und Wissen – Grundlagen einer nachhaltigen Entwicklung. Springer, Heidelberg

Devlin, K. (2001) Das Mathe-Gen oder wie sich das mathematische Denken entwickelt. Klett-Cotta, Stuttgart

Eysenck, H. J. (1980) Intelligenz. Struktur und Messung. Springer, Heidelberg

Fischer, E. P. (2001) Die andere Bildung – was man von den Naturwissenschaften wissen sollte. Ullstein, München

Kristensen, P., Bjerkedal, T. (2007) Explaining the relation between birth order and intelligence. Science *316*, 1717

Mittelstraß, J. (1992) Leonardo-Welt. Suhrkamp, Frankfurt

Mohr, H. (1999) Wissen – Prinzip und Ressource. Springer, Heidelberg

Rutz, M. (Hrsg.) (1998) Aufbruch in der Bildungspolitik – Roman Herzogs Rede und 25 Antworten. Goldmann, München

Tomasello, M. (2002) Die kulturelle Entwicklung des menschlichen Denkens. Suhrkamp, Frankfurt a. M.

Weinert, F. E. (2001) Begabung und Lernen: Zur Entwicklung geistiger Leistungsunterschiede. In: Wink, M. (Hrsg.) Vererbung und Milieu. Springer, Heidelberg

Weiss, V. (2000) Die IQ-Falle. Intelligenz, Sozialstruktur und Politik. Leopold Stocker Verlag, Stuttgart

Weltbank (1999) Entwicklung durch Wissen. Weltentwicklungsbericht 1998/99. FAB, Frankfurt a. M.

2

Der Sonderstatus des (natur-)wissenschaftlichen Wissens

2.1 Wahrheit als gesichertes Wissen

Auf die Frage nach dem Grund des historischen Erfolgs der Naturwissenschaften antwortete uns seinerzeit C. F. von Weizsäcker: „Ich weiß keine andere Antwort als ihre Wahrheit. – Wenn man über fast 400 Millionen Kilometer (die tausendfache Entfernung des Mondes) ein Instrument auf dem Mars weich landen lassen, seine Bewegungen über diese Entfernung steuern und die von ihm aufgenommenen Photographien auf der Erde empfangen kann – ist das anders erklärlich, als weil man die Bewegungsgesetze der Körper und der Lichtwellen wirklich kennt? Die Macht der Naturwissenschaften beruht auf ihrer Wahrheit."

Der Standpunkt Weizsäckers erscheint wohl begründet:

Das von den Naturwissenschaften geschaffene Weltbild erwies sich in jeder Hinsicht als erfolgreich. Erfolgreich bedeutet theoretisch, daß dieses Weltbild wesentliche Sachverhalte der Welt mit robuster Zuverlässigkeit erklärt. Erfolgreich bedeutet praktisch, daß wir, getragen von diesem Weltbild, besser leben, weit besser als jemals Menschen vor uns gelebt haben.

Der Ausdruck ‚Macht' bei Weizsäcker bedeutet, daß die menschliche Gesellschaft total abhängig geworden ist von den Natur- und Strukturwissenschaften und ihren Technologien. Und daß es dazu keine Alternative gibt.

„Die Macht der Naturwissenschaften beruht auf ihrer Wahrheit!" Was bedeutet hier ‚Wahrheit'? Erkenntnistheoretisch, epistemologisch, sind die meisten Naturwissenschaftler kritische Rationalisten. Der ‚kritische Rationalismus' bekennt sich zu der Suche nach gesichertem, verlässlichem Wissen. Die Suche nach ‚Gewißheit' (‚endgültige Wahrheiten' im philosophischen Sinn) oder nach ‚Letztbegründungen' tritt ganz zurück.

Dem ‚kritischen Rationalismus' entspricht im Hinblick auf die Einschätzung des Wirklichen der ‚kritische Realismus', im Gegensatz zum naiven Realismus, dem wir im täglichen Leben huldigen. Als ‚kritischer Realist' hält der Wissenschaftler die Wirklichkeit hinter den Erscheinungen für etwas menschenunabhängig Gegebenes. Er geht weiter davon aus, daß man die ‚Strukturen' dieser realen Welt zum Teil entdecken und beschreiben kann.

Von den in der Philosophie gängigen ‚Wahrheitstheorien' sind für den Naturwissenschaftler die beiden folgenden relevant:

1. Die stoische ‚Konsenstheorie der Wahrheit'. Sie besagt, daß die Übereinstimmung der Auffassungen der mit Vernunft begabten Menschen ein Wahrheitskriterium darstellt.
2. Die ‚pragmatische Wahrheitstheorie'. Nach dieser Wahrheitstheorie wird die Wahrheit einer Aussage durch die Überprüfung ihrer praktischen Konsequenzen festgestellt.

Die ‚konsensualistische Wahrheitstheorie' der heutigen Naturwissenschaftler kombiniert das Konsensgebot (Konsens der jeweils kompetenten Fachleute) mit dem Gebot der empirischen Bestätigung der pragmatischen Wahrheitstheorie. ‚Praktische Konsequenzen' sind intersubjektiv nachprüfbare experimentelle Befunde oder Beobachtungen. Die Frage nach der „wirklichen Natur der Dinge" halten die meisten Wissenschaftler für sinnlos, weil wir nun mal keinen direkten Zugang zur Wirklichkeit haben, sondern auf die im Verlauf der Evolution entstandenen sensorischen und gedanklichen Bahnen angewiesen sind (Kapitel 2.4).

An dieser Stelle sei lediglich angemerkt, dass die Wahrheitsdebatte der einflussreichen Frankfurter Soziologenschule (Habermas, Apel), in der die „diskursive Rechtfertigung" in der idealen Kommunikationsgemeinschaft als Wahrheitskriterium gilt, von den empirieorientierten Naturwissenschaftlern nicht ernst genommen wird. Auch das neuerdings von Habermas ins Gespräch gebrachte „Zurechtkommen mit der Welt" als Wahrheitskriterium kann die epistemischen Ansprüche der Naturforscher nicht befriedigen. Der auf „Sachverhalt-Adäquanz" ausgerichtete „referenzgebundene Wahrheitsbegriff" der Wissenschaft lässt sich nicht durch den Verweis auf „Praktiken der Konsensfindung" ersetzen. In der Wissenschaft geht es – wie gesagt – um den Konsens der jeweils kompetenten Fachleute und um die empirische Bestätigung dieses Konsenses. Auch in dieser Hinsicht ist die Kluft zwischen Wissenschaft und Sozialphilosophie derzeit nicht zu überbrücken.

Unter (Natur-)Wissenschaftlern besteht Einigkeit darin, daß die Wissenschaft die Aufgabe übernommen hat, nachzuweisen, daß sich ihre Sätze, ihre Aussagen, auf bestehende Sachverhalte beziehen. Im Prozeß der Forschung – so heißt es – dürften letztlich nur solche Aussagen ‚überleben', bei denen sich *empirisch* nachweisen läßt, daß sie sich tatsächlich auf bestehende Sachverhalte beziehen. Solche Aussagen nennen wir gesichertes Wissen (reliable knowledge) oder Erkenntnis. Das Problem besteht natürlich darin, wie man Wahrscheinlichkeit und schließlich eine gewisse Sicherheit dafür gewinnt, daß sich eine Aussage auf einen bestehenden Sachverhalt bezieht.

Mit der Aristoteles und Thomas von Aquin nachgesagten Korrespondenztheorie der Wahrheit („veritas est adequatio rei et intellectus") können wir nicht mehr viel anfangen. Es geht darum, den Nachweis einer adequatio in operationalisierbare Schritte zu zerlegen und damit dem wissenschaftlichen Handeln zugänglich zu machen.

2.2 Wissenschaftliches Handeln

Naturwissenschaft betreiben, heißt nach bestimmten, strengen Richtlinien (‚Methoden') und mit einer klar definierten Zielsetzung (‚Erkenntnis') *handeln*. Das aus dieser Praxis resultierende wissenschaftliche Wissen muß folgende Kriterien erfüllen:

- Es muß handlungsbewährt sein. In der Regel wird dies durch Beobachtung oder Experiment belegt.
- Es muß intersubjektiv (möglichst ‚objektiv') gelten. Mit ‚objektiv' meint man in der Wissenschaftstheorie ‚tatsächlich'.
- Es muß sprachlich darstellbar und eindeutig kommunizierbar sein.

Die wesentlichen Aspekte wissenschaftlichen Handelns will ich in vier Punkten zusammenfassen:

- Begriffsbildung
  Ein kohärentes und konsistentes Begriffssystem ist die Grundlage wissenschaftlichen Handelns.
- Bildung von Sätzen (Aussagen)
  Wir unterscheiden zwei Klassen von Sätzen: Singuläre Sätze, die sich auf einen bestimmten Sachverhalt beziehen (meine Katze ist grau) und generelle Sätze, die etwas Gesetzhaftes ausdrücken (bei Nacht sind alle Katzen grau). Die Aufgabe der Wissenschaft besteht – wie gesagt – darin, nachzuweisen, daß ihre Sätze tatsächlich gelten, i.e. sich auf bestehende Sachverhalte beziehen. Die Frage nach der ‚ontologischen Natur' der Sachverhalte ist Sache der Philosophie; sie liegt nicht im Interessen- und Kompetenzbereich der Wissenschaft.
- Empirische Gesetze sind sehr gut begründete generelle Sätze. In den meisten biologischen Disziplinen sind ‚empirische Gesetze' das beste, was gegenwärtig zu erzielen ist (Kapitel 2.6). Aber auch in der Physik werden die empirischen Gesetze als der eigentliche Kern solider Wissenschaft angesehen. Mit Recht! Diese Gesetze enthalten unser Wissen darüber, was tatsächlich der Fall ist. Empirische Gesetze stellen die zuverlässige Basis großer Teile der physikalischen und biologischen Technologien dar, einschließlich der Medizin und Agrikultur. Andererseits jedoch haben empirische Gesetze, so zuverlässig sie auch sein mögen, immer noch den Charakter deskriptiver Generalisierungen. Sie sind und bleiben isolierte Feststellungen über die Natur, solange sie sich nicht in eine einheitliche, kohärente Theorie einfügen lassen.
  In den Worten von Niels Bohr: „Aufgabe der Naturwissenschaften ist es nicht nur, die Erfahrung zu erweitern, sondern in diese Erfahrung eine Ordnung zu bringen." Diese Ordnung bringt erst die ‚Theorie'.
- Bildung von Theorien
  Unter einer ‚Theorie' versteht man in der Wissenschaft ein geordnetes (kohärentes und konsistentes) System von Sätzen. Eine Theorie erlaubt die ‚Erklärung'

von empirischen Gesetzen, generellen Sätzen und singulären Sätzen, die in das Einzugsgebiet der Theorie fallen. Es ist der experimentelle Test theoretischer Gesetze, den die Wissenschaftstheoretiker meinen, wenn sie von einem ‚Experiment im strengen Sinn' (crucial experiment) sprechen.

Theorien können wachsen! Die Quantentheorie zum Beispiel ist zwar eine neue Theorie; sie enthält aber die Newtonsche Mechanik: Ein feines Beispiel für das Wachstum einer erfolgreichen Theorie.

Ein ähnlich faszinierendes Beispiel bietet die Molekulare Genetik, die sich so formulieren lässt, dass sie die klassische Genetik umschließt.

Eine umfassende Theorie wirkt wie ein riesiger, geordneter Datenspeicher. Ohne die großen Theorien wäre es heute völlig ausgeschlossen, Physik oder Biologie zu lehren. Die Quantentheorie und die allgemeine Relativitätstheorie halten die moderne Physik zusammen; in der Biologie machen die Einzelaussagen nur Sinn im Lichte der molekularen Genetik und der Evolutionstheorie.

Je höher der Anspruch einer Theorie ist, die Realität (bzw. ein Segment der Realität) angemessen zu beschreiben, umso empfindlicher wird eine Theorie gegen solche Beobachtungsdaten, die mit ihr nicht in Einklang zu bringen sind.

Ein Beispiel aus der Physik: Der Lamb-shift. In der klassischen (nichtrelativistischen) Wellenmechanik kann der Elektronenspin nicht erklärt werden; dagegen implizierte die relativistische Wellenmechanik nach Dirac (1929) den Elektronenspin als notwenigen Bestandteil der Theorie und lieferte den vollständigen Satz der Quantenzahlen. Für das Wasserstoffatom ergaben sich alle Energiezustände in Übereinstimmung mit den Meßdaten. Eine Verbesserung der Meßgenauigkeit (Lamb und Retherford 1948) zeigte indessen, daß die beiden Niveaus $^2S_{1/2}$ und $^2P_{1/2}$, die nach der Diracschen Theorie exakt gleichen Energieinhalt haben sollten, sich um den winzigen Betrag von $4{,}38 \cdot 10^{-6}$ eV unterscheiden (Lamb-shift). Um diesen Unterschied ‚verstehen' zu können, wurde die Quantenelektrodynamik entwickelt, eine überaus geistvolle Theorie der Wechselwirkung von Photonen und Elektronen. Diese Theorie (-variante) erklärt den experimentell gefundenen Lamb-shift. ‚Erklärung' bedeutet in diesem Zusammenhang, daß der experimentelle Befund rein deduktiv (in diesem Fall mathematisch) aus der Theorie abgeleitet werden kann.

Die um 1925 von Werner Heisenberg u.a. auf den Weg gebrachte Quantenphysik gilt neben Einsteins allgemeiner Relativitätstheorie von 1916 als die Krone der theoretischen Physik im 20. Jahrhundert. Die Quantenphysik beschreibt das mit den Gesetzen der klassischen Physik nicht angemessen erfaßbare Verhalten mikrophysikalischer Systeme. Insbesondere ermöglicht es die moderne Quantenfeldtheorie, die Eigenschaften der Atome und ihre Wechselwirkungen mit Materie und Strahlung gesetzmäßig darzustellen. Die Quantenphysik bildet somit die Grundlage für ein Verständnis der gesamten uns umgebenden Welt, einschließlich der technischen Anwendungen.

Eine Beschreibung des atomaren Geschehens aufgrund kontinuierlich in Raum und Zeit verlaufender Vorgänge ist jedoch durch Heisenbergs Unschärferelation (1927) eingeschränkt. Deshalb musste die moderne Physik auf ein anschauliches Verständnis mikrophysikalischer Ereignisse im Sinne unserer herkömmlichen, aus der alltäglichen Erfahrung gewonnenen Begriffe verzichten und sie durch einen Formalismus ersetzen, der sich mit einer Bestimmung von beobachtbaren Größen begnügt. In diesem Rahmen hat die Quantenmechanik *alle* Tests glänzend bestanden. Hierzu noch ein leicht verständlich zu machendes Beispiel: Das Zusammenspiel von Gravitation und Quantenmechanik wurde kürzlich (2002) bei Neutronen genau vermessen. Die Forscher nutzten den Umstand, dass die elektrisch ungeladenen Neutronen nicht dem (störenden) Einfluß elektrischer Felder unterliegen. Deshalb lässt sich an Neutronen die Wirkung der im Vergleich zu den übrigen drei Naturkräften schwachen Schwerkraft präzise studieren.

Die Messungen belegen, dass die Eigenschaften der Neutronen vom Schwerefeld genau so beeinflusst werden wie von der Quantentheorie vorausgesagt. Als um 1925 die neue Theorie geschaffen wurde, war das Neutron den Physikern noch gar nicht bekannt. Es wurde erst 1932 von James Chadwick entdeckt. Die Eigenschaften der Neutronen ‚stecken' aber bereits in der Heisenbergschen Quantenmechanik: Das ist Wissenschaft!

Ähnlich eindrucksvoll indessen ist die Vorhersagekraft der klassischen (Newtonschen) Mechanik. Der Brite J. C. Adams und der Franzose U.-J. le Verrier hatten 1846 aus Bahnstörungen des Planeten Uranus die Existenz eines neuen Planeten jenseits der Uranusbahn vorausgesagt und einigermaßen genau die Position des später Neptun genannten Himmelskörpers bestimmt. Die Vorhersage der beiden Theoretiker wurde von den beobachtenden Astronomen zunächst nicht ernst genommen. Erst als le Verrier seine Berechnungen dem herausragenden Berliner Astronomen J.G. Galle mitteilte, fand dieser noch in der Nacht nach Erhalt des Briefes den neuen Planeten.

Zurück zur Quantentheorie!

Trotz ihrer Erfolge hat die Quantentheorie auch ihre Grenzen. Sie setzt bei der Beschreibung materieller Prozesse stets den Raum und die Zeit als feste Bühne des Geschehens voraus. Nach Einsteins Gravitationstheorie nimmt das Raum-Zeit-Kontinuum aber sehr wohl am kosmischen Geschehen teil. Das Raum-Zeit-Kontinuum müsste sich deshalb in das quantenmechanische Geschehen einbeziehen lassen. Aber dies gelingt nicht. Die Quantentheorie versagt, sobald dem Raum-Zeit-Kontinuum seine eigene Quantennatur zugebilligt wird. Derzeit bemühen sich Wissenschaftler weltweit, eine Quantenfeldtheorie der Gravitation aufzustellen, die sowohl Einsteins Relativitätstheorie als auch die Quantentheorie einschließt.

Auch die Relativitätstheorie kann heute experimentellen Test unterworfen werden, die zur Zeit ihrer Entstehung nicht möglich waren. Die spezielle Relativitätstheorie, die Albert Einstein bereits Anfang des 20. Jahrhunderts formulierte, basiert auf dem Satz (– der Aussage), dass Licht sich unabhängig von der Geschwindigkeit der Lichtquelle und des Beobachters immer mit der gleichen Geschwindigkeit ausbreite. Bislang ließ sich keine Abweichung von dem Postulat Einsteins feststellen, obgleich die experimentellen Tests immer mehr verfeinert und zeitlich ausgedehnt wurden. Die Konstanz der Lichtgeschwindigkeit gilt deshalb in der Physik als ‚bewiesen', d.h. als Ausdruck wissenschaftlicher Wahrheit.

Die anfangs mächtig umstrittene allgemeine Relativitätstheorie, die Einstein 1916 publizierte, gilt heute als die am besten bestätigte klassische Theorie. Es war vor allem die Beobachtung bestimmter Doppelsterne (Binär-Pulsare), die eine sehr akkurate Nachprüfung der allgemeinen Relativitätstheorie ermöglichte.

Dennoch sind die meisten Naturwissenschaftler zurückhaltend, wenn es um „Gewissheit" („endgültige Wahrheiten" im philosophischen Sinn) geht (Kapitel 2.1).

Aus guten Gründen: Ich habe bereits oben den irritierenden Umstand erwähnt, dass die Suche nach einer Quantenfeldtheorie der Gravitation bislang nicht zum Erfolg geführt hat. Mit anderen Worten: Die empirisch ohne wenn und aber bestätigte allgemeine Relativitätstheorie konnte trotz des Engagements der besten Köpfe unter den Physikern bis jetzt nicht mit der ebenfalls empirisch bestätigten Quantentheorie in Einklang gebracht werden. Deshalb lebt neuerdings bei manchen Physikern die Vermutung wieder auf, es gebe eine „Physik jenseits des Standardmodells".

- Respekt vor der Logik

Logik ist die Lehre von den Regeln gültigen Schließens. Es geht in der Logik darum, Aussagen als Konsequenzen anderer Aussagen zu *begründen*.

Inhaltlich können logisch-deduktive Schlüsse nicht mehr liefern als in den gemachten Voraussetzungen (Prämissen) bereits steckt. Jede Folgerung, jede Konkusion, ist immer nur so sicher wie die Prämissen. Deduktive Schlüsse haben aber den ungeheuren Vorteil, dass sie ‚wahrheitserhaltend' sind: Sind die Prämissen wahr, so ist auch die Schlussfolgerung (Konklusion) wahr. An dieser Stelle sei lediglich an den wohl allgemein bekannten Syllogismus der traditionellen aristotelischen Logik erinnert, der als Grundform des deduktiven Schlusses alles enthält, was man für das prinzipielle Verständnis eines deduktiven Arguments braucht. Ein Syllogismus besteht aus drei Sätzen, zwei davon bilden die Prämissen, die Vordersätze, der andere bildet die Konklusion (Schlußsatz). Jeder Satz kann durch ein Subjekt und ein Prädikat ausgedrückt werden, die eine Copula (in unserem Beispiel das Verb ‚sein') verbindet. Wenn wir alles, was entweder als Subjekt oder als Prädikat dient, einen Begriff nennen, dann müssen drei (und nur drei!) Begriffe in einem Syllogismus vorkommen. Jener Begriff, der den beiden Prämissen gemeinsam ist, wird der ‚Mittelbegriff' genannt, und von diesem gemeinsamen Element hängt der deduktive Schluß ab.

Die beiden anderen Begriffe, die in den Prämissen von dem Mittelbegriff zusammengehalten werden, tauchen dann in der Konklusion ohne den Mittelbegriff auf. Das übliche Beispiel für den Syllogismus lautet:

Alle Menschen sind sterblich Sokrates ist ein Mensch	Prämissen
Sokrates ist sterblich	Konklusion

‚Mensch' ist der Mittelbegriff, der den Sokrates mit der Sterblichkeit verbindet, so daß wir wissen, daß Sokrates sterblich ist (auch wenn er noch nicht gestorben wäre).

Der Mangel der traditionellen aristotelischen Syllogistik besteht darin, daß diese Theorie des richtigen Denkens auf Aussagen von einfacher Gestalt beschränkt bleibt. Die moderne Logik, die Gottlob Frege ins Leben gerufen hat, hat die aristotelische Logik nicht verdrängt, sehr wohl aber deren Begrenztheit überwunden.

In der Regel hält sich der Wissenschaftler an die etablierte zweiwertige Logik (ja/nein, wahr/falsch).Ähnlich wie bei der Nutzung der Mathematik in der wissenschaftlichen Praxis – wir kommen gleich darauf – werden auch bei der Logik die Grundlagenprobleme meist für irrelevant erklärt, z. B. die ‚Existenz' einer ‚Quantenlogik', die zum Teil die Prinzipien der klassischen Logik verletzt.

Logik ist eine Struktur- oder Formalwissenschaft. Sie untersucht Schlussregeln, also abstrakte Strukturen. Die universelle Anwendbarkeit (‚Gültigkeit') der Logik bei der Beschreibung der Natur läßt sich logisch nicht begründen. Man kann sich die empirische Tatsache, daß es in der Natur ‚logisch zugeht' nur erklären, wenn man den Thesen der Evolutionären Erkenntnistheorie folgt (Kapitel 2.4).

- Angemessene Sprache

Obgleich sich die natürlichen Sprachen als entscheidend wichtiges Kommunikationsmedium des täglichen Lebens auch in der modernen Welt behauptet haben, besonders das Englische, können sie die Bedürfnisse wissenschaftlicher Kommunikation nicht voll befriedigen, auch dann nicht, wenn sie – wie das wissenschaftliche Englisch – vereinfacht und präzisiert wurden. Die zusätzliche Einführung formaler Sprachen war für die Entwicklung der Wissenschaften unerläßlich.

Jene formale Sprache, die ein Höchstmaß an Präzision und Universalität bietet, ist die Mathematik. Es besteht heutzutage Konsens darüber, daß die mathematische Formulierung wissenschaftlicher Sätze das non plus ultra an Präzision und an Sicherheit der Kommunikation darstellt.

Die Entwicklung der Naturwissenschaften und der Technik wäre ohne eine Mathematisierung ihrer Aussagen ebensowenig denkbar wie die durchgreifende Umgestaltung der Ökonomik und anderer Sozialwissenschaften.

Woher nehmen wir den Mut, die Mathematik, nach unserem heutigen Verständnis eine abstrakte Strukturwissenschaft, auf alles Erfahrungsgegebene anzuwenden und ihr damit eine uneingeschränkte gegenständliche Gültigkeit zuzuschreiben?

Erst die Evolutionäre Erkenntnistheorie hat uns eine Erklärung dafür gegeben, weshalb „das Buch der Natur in mathematischer Sprache geschrieben ist“ (Galilei, 1623).

Die mengentheoretischen Antinomien, die zur mathematischen Grundlagenkrise führten, haben die meisten Naturwissenschaftler kaum berührt. Man verließ (und verläßt) sich darauf, daß die Mathematik in der Praxis der Naturforschung jederzeit und uneingeschränkt funktioniert, obgleich möglicherweise die Grundlagen der Mathematik nicht so solide sind, wie wir gemeinhin annehmen.

Die Fragen nach der Gültigkeit von Logik und Mathematik in den Naturwissenschaften haben im 20. Jahrhundert den wesentlichen Anstoß zu einer Legitimitätsdebatte geliefert, die bis heute andauert. Offensichtlich kommen wir als Naturforscher um ein Nachdenken über epistemologische Fragen nicht herum, wenn es um die Tragweite und Reichweite unseres Denkens geht. „Wissenschaft ohne Erkenntnistheorie ist unausgegoren und verworren“ (A. Einstein).

2.3 Erkenntnistheorie

Das Ziel der Wissenschaft ist gesichertes Wissen, Erkenntnis, reliable knowledge. Erkenntnistheorie (Epistemologie) ist der Versuch des Menschen, sich verständlich zu machen, wie Erkenntnis entsteht. Erkenntnistheorie gilt als eine philosophische Disziplin, und sie wird deshalb von den meisten Naturforschern als weniger rational eingeschätzt als die von ihnen praktizierte ‚wissenschaftliche Methode‘.

Wir gehen bei unserer Annäherung an die Epistemologie von einigen Erfahrungen aus, die zunächst paradox anmuten:

Die meisten, auch viele der offensichtlich erfolgreichen Wissenschaftler, kümmern sich nicht ernsthaft um Erkenntnistheorie. Wir stehen also vor der Situation, daß Erkenntnisgewinnung funktioniert, ohne daß man explizit zu ‚wissen‘ braucht, **wie** Erkenntnisgewinnung funktioniert.

Die formale Logik ist die Theorie des korrekten Argumentierens. Um korrekt argumentieren zu können, muß ich aber explizit nichts über Logik *wissen*. Wir ‚wissen‘ offenbar a priori, daß die zweiwertige formale Logik jene Logik ist, die wir in der Welt, in der wir leben, anwenden müssen.

Dehnen wir jetzt unsere Betrachtung auf jene Konfrontation aus, die sich durch die ganze Geschichte der Philosophie zieht: Empirismus gegen Rationalismus. Der

Empirist geht davon aus, daß alles, was wir über die Welt wissen können, aus unserer sinnlichen Erfahrung stammt. Der Rationalist behauptet, daß wir unabhängig von der Erfahrung wahre Aussagen über die Welt machen können.

Zitiert aus dem Buch des englischen Philosophen A. J. Ayer „Language, Truth and Logic“:

... „der Empirist hat Schwierigkeiten, wenn er auf die wahren Sätze der formalen Logik und der Mathematik trifft. Während nämlich eine empirische Induktion (also eine erfahrungswissenschaftliche Generalisierung) jederzeit mit einer Widerlegung rechnen muß, erscheinen uns die Sätze der Mathematik und der formalen Logik als notwendig und sicher und zwar unter allen Umständen und für jedermann. Aber wenn der Empirismus recht hat, dann kann es keine Aussagen geben, die sich auf die Natur beziehen und gleichzeitig notwendig und sicher sind.

Demgemäß hat der Empirist den Sätzen der formalen Logik und der Mathematik gegenüber die beiden folgenden Möglichkeiten: er muß entweder behaupten, sie seien nicht notwendigerweise und unter allen Umständen wahr. (In diesem Fall kommt er in einen unüberwindlichen Konflikt mit der allgemeinen Überzeugung, daß es sich um notwendige Wahrheiten handelt), oder er muß sagen, daß die Sätze der Logik und Mathematik keine faktische Verbindlichkeit, keinen faktischen Gehalt, haben, aber dann muß er erklären, wie eine Aussage, die faktisch leer ist, bei der Beschreibung der realen Welt und bei der Bewältigung der Probleme unseres Lebens absolut zuverlässig und extrem nützlich sein kann.

Da offensichtlich keine der beiden argumentativen Möglichkeiten eine Chance hat, ernst genommen zu werden, so bleibt uns nur die Zuflucht zum Rationalismus.

Wir müssen schlicht zugeben, daß es wahre Sätze über die Welt gibt, die wir allen Objekten zuschreiben können, obgleich wir dies natürlich empirisch niemals in Erfahrung bringen könnten. Und wir müssen es letztlich als ein gemeinmisvolles unerklärliches Faktum akzeptieren, daß unser Denken die Kraft hat, uns autoritativ die Eigenschaften von Dingen zu enthüllen, die wir nie gesehen haben“.

Soweit Ayer.

Ich möchte Sie jetzt davon überzeugen, daß das ‚Faktum‘, auf das sich Ayer bezieht, weder geheimnisvoll noch unerklärlich ist. Dieses Faktum, unser zuverlässiges Vorwissen (oder Vorauswissen) über die Welt, ist vielmehr eine Folge der Tatsache, daß auch unser Erkenntnisvermögen das Produkt einer biologischen (genetischen) Evolution ist.

Im Grunde geht es um die Frage: Ist die empirisch unbestreitbare Fähigkeit zur Erkenntnisgewinnung natürlich entstanden und damit wissenschaftlich erklärbar? Oder sind wir auf mythische ‚Erklärungen‘ angewiesen, die besondere, übernatürliche Akte, zum Beispiel eine göttliche Eingebung oder das Essen vom Baum der Erkenntnis, voraussetzen?

2.4 Evolutionäre Erkenntnistheorie

Die heutige Biologie geht davon aus, daß wir nicht nur mit unseren physischen Eigenschaften fest in der darwinischen Evolution verankert sind, sondern auch mit unserem geistig-seelischen Vermögen und damit mit unserem Denken und Verhalten. Die Evolutionäre Erkenntnistheorie erhebt den Anspruch, sie könne zumindest im Grundsätzlichen, d.h. auf der Ebene der kognitiven Universalien, die Genese unseres Erkenntnisvermögens wissenschaftlich erklären.

Im Prinzip lautet die Argumentation: Unser Gehirn und unser Denken sind evolutiv entstanden und haben sich demgemäß im Lauf der Evolution an die ‚Strukturen' der realen Welt angepaßt. Die Selektion hat für uns die der Natur gemäßen – und damit brauchbaren – Denkmuster ausgelesen. Diese Denkmuster, diese kategorialen Voraussetzungen möglicher Erkenntnis, brauchen wir nicht zu lernen. Sie sind in unseren Genen verankert, sie sind genetische Information. Zum Beispiel ist die Erwartung kausaler Zusammenhänge ein „selektionsbewährter Algorithmus" (Riedl), den die Evolution mit dem Ziel einer ökonomischen, der realen Welt gerecht werdenden Datenverarbeitung in unsere Gene und damit in unser Zentralnervensystem eingebaut hat. Die Vorgänge in der Natur *sind* kausal; die Erwartung kausaler Zusammenhänge ist deshalb ein hoher Selektionsvorteil.

Die Verhaltensbiologie hat überzeugende Belege für die Auffassung erbracht, daß bereits im Tierreich, z.B. bei Rhesusaffen, ein Zahlenverständnis besteht, auch wenn die Tiere noch keine Sprachsymbole wie die Menschen verwenden. Daraus wurde geschlossen, daß sich Vokabular und Arithmetik in der biologischen Evolution unabhängig voneinander entwickelten – und zwar das Zählen vor der Sprache. Am Anfang war offenbar nicht das Wort, sondern die Zahl. Beim Menschen kommt den mathematischen Fähigkeiten eine hohe Erblichkeit zu. Die Erklärung für diese Beobachtung lautet, daß das mathematische Denkvermögen in uns genetisch angelegt ist. Und was eine genetische Basis hat, ist das ‚Werk' der natürlichen Evolution.

Aber die Anpassung unserer kognitiven Strukturen an die Struktur der Welt ist begrenzt. Wir sitzen in einer engen kognitiven Nische. Unsere Anschauungsformen und Kategorien erfassen nur einen Ausschnitt der Welt, den Mesokosmos, den Bereich der **mittleren** Dimensionen.

Der Grund für unsere kognitiven Grenzen ist leicht einzusehen: Auch unsere Vorfahren können Erfahrungen über die reale Welt nur über ihre Sinneseindrücke gemacht haben. Die kognitive Evolution der Menschen hing somit ab von der Struktur und Auflösungskraft unserer Sinnesorgane, die ihrer prinzipiellen Konstruktion nach viel früher in der tierischen Evolution angelegt waren und kaum noch verbessert werden konnten. Deshalb war die genetische Evolution der Hominiden in den letzten zwei Millionen Jahren in erster Linie eine Evolution des Gehirns, eine Evolution der Datenverarbeitung. Die Verbesserung der Datenverarbeitung war aber stets begrenzt durch die Verfügbarkeit von Daten aus der realen Welt. Die Auflösungskraft unseres Sehvermögens zum Beispiel war nie besser als 1/10 mm im Raum und 1/16 s in der Zeit. Bedingt durch die Grenzen des sensorischen Apparats, hat sich somit unser kognitiver Apparat während der biologischen Evolution nur an einen Ausschnitt der realen Welt, an die Welt der mittleren Dimensionen, angepaßt. Dieser Mesokosmos wurde unsere evolutionsbewährte kognitive Nische. Noch im Mittelalter – etwa bei Thomas von Aquin – war es die vorherrschende Lehrmeinung, daß unsere Sinne die Welt im wesentlichen zutreffend und erschöpfend wiedergeben. Erst beim Vorstoß der Physik in die kleinen und großen Dimensionen von Raum, Zeit und Energie machte sich die mesokosmische Provinzialität unseres Erkenntnisvermögens bemerkbar. Verlaß war nur noch auf die Strukturen der Mathematik, die – so stellte sich heraus – überall gelten. Mit ihnen allein konnte man über den Mesokosmos nach oben und nach unten hinausgreifen. Wissenschaftliche Erkenntnis schränkte sich, ausserhalb der mittleren Dimensionen, auf das ein, was man mit Hilfe mathematischer Strukturen erfassen kann. Mathematik wurde die Sprache der Physik. Unser Anschauungs- und Vorstellungsvermögen hingegen blieb mesokosmisch. Niemand ist in der Lage, sich Strings, Photonen oder Lichtjahre *vorzustellen*.

Werner Heisenberg: „Ob wir entfernte Sterne oder Elementarteilchen studieren – auf diesen neuen Gebieten endet die Kompetenz unserer Sprache, die Kompetenz unserer konventionellen Kategorien. Mathematik ist die einzige Sprache, die uns verbleibt. Ich persönlich halte es für falsch, zu sagen, die Elementarteilchen der Physik seien kleine Stückchen von Materie; ich ziehe es vor, zu sagen, sie seinen Repräsentanten von Symmetriegesetzen. Je kleiner die Partikel werden, um so mehr bewegen wir uns in einer rein mathematischen Welt und nicht mehr in der Welt der Mechanik.“

Unsere Anschauungsformen und kategorialen Schachteln (Kant) lassen uns außerhalb der mittleren Dimensionen tatsächlich im Stich. In der Makrophysik werden Raum und Zeit, in der Mikrophysik werden Kausalität und Substantialität problematisch. Wir können über die Dimensionen außerhalb des Mesokosmos allenfalls metaphorisch – in Bildern und Gleichnissen – reden, aber unsere Metaphern stammen aus den mittleren Dimensionen.

Niels Bohr: „Die Quantentheorie ist ein wunderbares Beispiel dafür, daß man einen Sachverhalt in völliger Klarheit verstanden haben kann und gleichzeitig doch weiß, daß man nur in Bildern und Gleichnissen von ihm reden kann.“

Dies gilt nicht nur für die Wissenschaft. Den gleichen, prinzipiell unüberwindlichen Schwierigkeiten begegnen wir zum Beispiel in der abstrakten Kunst. Hier wird der Versuch gemacht, das gemeinte Abstrakte, die tieferen Schichten, den Zustand des Glücks – wie es Mondrian nannte – darzustellen, – mit den Mitteln der mittleren Dimensionen! Ein Zitat von Malewitsch: „In meinem verzweifelten Bemühen, die Kunst vom Ballast der gegenständlichen Welt zu befreien, floh ich zur Form des Quadrats.“ (Ausgerechnet zum Quadrat, einem durch und durch mesokosmischen Konstrukt!)

Ähnliches gilt für die Theologie, für das Nachdenken über Gott. Der transzendente Gott der Philosophen wird dadurch zum lebendigen Gott, daß ihm die Attribute der mittleren Dimensionen verliehen werden. „Und Gott schuf den Menschen ihm zum Bilde“ (1. Mose 1.27) kennzeichnet treffender als jede andere Metapher das Eingesperrtsein der menschlichen Vorstellungskraft in den mittleren Dimensionen. (Der mesokosmisch fixierte Mensch schuf sich ‚Gottvater‘ nach seinem Bilde.)

Fazit:

Die evolutionäre Erkenntnistheorie erklärt einerseits, zumindest im Grundsätzlichen, die Genese unseres Erkenntnisvermögens; andererseits aber erklärt die evolutionäre Erkenntnistheorie auch unsere epistemologischen Schwierigkeiten beim Umgang mit dem Kosmischen, Atomaren und Subatomaren als eine unausweichliche Folge unserer kognitiven Anpassung – Anschauungsformen und Kategorien – an die mittleren Dimensionen der Welt.

Unsere angeborene Erwartungshaltung, das ererbte apriorische Wissen über die Welt der mittleren Dimensionen, bezieht sich nicht nur auf die Anschauungsformen von Raum und Zeit, auf unser uneingeschränktes Vertrauen in Substantialität, Kausalität und logische Wahrheit, sondern auch auf strukturelle Eigenschaften der Welt. Wir rechnen zum Beispiel mit einer geordneten, stetigen, regelmäßig strukturierten und kohärenten Natur, die keine Sprünge macht. In der Tat: Die ‚Idee‘ von Naturgesetzen setzt eine Welt voraus, die regelmäßig strukturiert, kohärent und unwandelbar ist. Wir rechnen damit, daß wenn etwas 100mal funktioniert hat, es auch beim 101. Mal funktionieren wird: Wir vertrauen auf das Induktionsverfahren. „Induktion“ ist für uns kein Problem, sondern eine selbstverständliche Erwartungshaltung, u.s.w. All dies wird durch die Evolutionstheorie verständlich: Unser Genom ist in einer Welt entstanden, in der keine abrupten Wechsel, kein exponentielles Wachstum, keine Sprünge vorkamen, eine Welt, in der sich lineare Kausalität, monokausales Denken in kurzen Kausalketten, bewährte, weil das eigene Handeln kaum Rückkoppelungen im System verursachte. Dieser an die mittleren Dimensionen des Pleistozäns und Neolithikums angepaßte Menschenverstand ist nicht dazu geschaffen, das Verhalten komplexer Sozial- und Wirtschaftssysteme zu begreifen. Der Homo sapiens glaube zwar, so Friedrich August von Hayek, es sei seine Vernunft gewesen, die die Ordnung der modernen Welt geschaffen habe; tatsächlich sei der Mensch aber nie in der Lage gewesen, die während der kulturellen Evolution durch Versuch und Selektion entstandenen Institutionen zu verstehen. „Wir müssen einsehen, daß die Ordnung, in der wir heute leben, nicht unsere Schöpfung ist, sondern die Schöpfung eines unpersönlichen Entwicklungsprozesses“ (Friedrich A. von Hayek).

Allem Anschein nach ist diese Phase der kulturellen Evolution zu Ende. Wir stehen vor der Notwendigkeit, den wissenschaftlich-technischen Fortschritt bewußt zu gestalten. Aber wir sind verunsichert. Es fehlen uns die nötigen Institutionen, und vielleicht auch die kulturelle Kraft. Nur eines wissen wir: Auch die künftige Welt wird durch Wissen und Technologie geprägt sein. Dazu gibt es keine Alternative.

Vor 10 000 Jahren betrug die Tragekapazität der Erde für Menschen etwa 6 Millionen. Unter den naturnahen Produktionsbedingungen des mittleren Neolithikums konnten nicht mehr Menschen auf der dem Homo sapiens zugänglichen Welt leben. Heute trägt der Planet 6 Milliarden Menschen: Die Tragekapazität hat sich gegenüber den naturnahen Produktionsbedingungen vertausendfacht. Dies verdanken wir der Erforschung der Natur und den darauf aufbauenden technologischen Innovationen.

Für 6 oder 8 Milliarden Menschen gibt es kein Zurück in eine vorwissenschaftliche Welt. Die ‚Neue Vernünftigkeit', die wir anstreben, braucht nicht nur guten Willen, sondern vor allem gesichertes Wissen, über die Natur und über den Menschen.

Die Wissenschaft verfügt über einen reichen Fundus an gesichertem Wissen, der sich durch Forschung täglich vermehrt. Das Problem liegt darin, wie man das Wissen und die Faszination der Wissenschaft den Menschen außerhalb der Scientific Community angemessen vermittelt.

Erfahrungsgemäß sind die meisten Menschen an Wissenschaft als einer auf *Erkenntnis* gerichteten kulturellen Institution nicht ernsthaft interessiert. Sie teilen die Meinung des Bertolt Brecht, der seinem Galilei – vermutlich zu Unrecht – die Worte in den Mund legte: „Ich halte dafür, daß das einzige Ziel der Wissenschaft darin besteht, die Mühseligkeit der menschlichen Existenz zu erleichtern." Unser Zeitgenosse Peter Glotz hat diese Haltung folgendermaßen beschrieben: „Der Politiker hat ein anderes Interesse an Wissenschaft und Forschung als der Wissenschaftler (. . .). Als Politiker interessiert es mich, ob wissenschaftliche Fortschritte unsere technischen und sozialen Probleme lösen."

Die Sympathie der Gesellschaft für die Wissenschaft – für ein Denken und Handeln um der Erkenntnis willen – ist somit keine Selbstverständlichkeit. Wissenschaft als autonome kulturelle Institution – kognitiv-theoretisches Wissen als überragende Zielsetzung menschlicher Vernunft –, diese Motive greifen immer weniger, wenn es darum geht, Wissenschaft als (teure) Institution gegenüber unseren Mitbürgern zu rechtfertigen. Die Wissenschaftler sollten sich hier nichts vormachen: Der Stellenwert der Wissenschaft in der Gesellschaft ist gefährdet, und die von der Verfassung gewährte „Freiheit der Forschung" ist in Frage gestellt. Nur solange die Menschen im Lande gute Gründe haben, an einen engen Zusammenhang zwischen Erkenntnis und *Wohlfahrt* zu glauben, Wissenschaft als Vehikel des Wohlstands zu begreifen, werden sie eine autonome, auf Erkenntnis zielende Wissenschaft gewähren lassen und sie angemessen unterstützen. Die von Wissenschaftlern gern gehegte Auffassung, die Mehrzahl der Menschen um uns betrachte ‚objektive Erkenntnis' als einen überragenden Wert per se, wird durch meine Erfahrung nicht gedeckt.

2.5 Darstellung wissenschaftlicher Sachverhalte

Die Aussagen der Wissenschaft erfolgen durch singuläre Sätze (Tatsachenaussagen) oder durch generelle Sätze (Gesetzesaussagen). Singuläre Sätze werden in der Wissenschaft häufig dadurch zum Ausdruck gebracht, daß die Meßdaten in

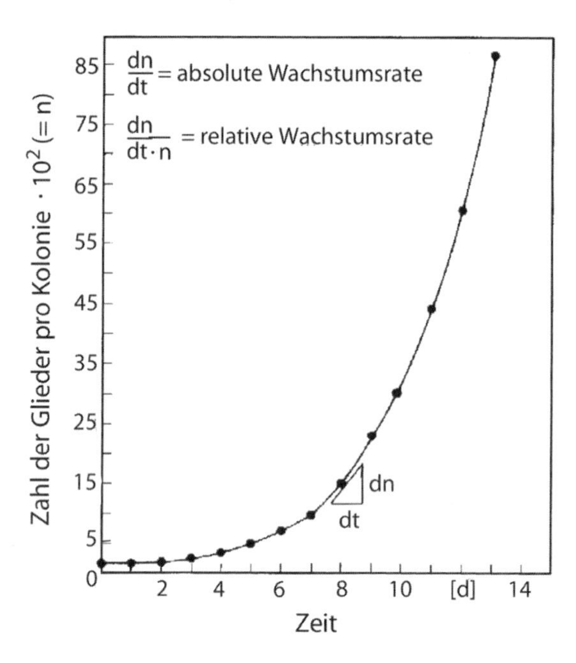

Abb. 1. Wachstumsverlauf einer Kolonie (Klon) der Wasserlinse (Lemna minor) unter Kulturbedingungen. Die Ausgangszahl der Laubglieder (n_0) ist mit 100 angenommen. (Nach Wareing und Phillips, 1970)

geeigneten Koordinatensystemen angeordnet werden. Die in der Abb. 1 wiedergegebene empirische Wachstumskurve zum Beispiel ist zunächst nichts anderes als eine günstige Darstellung von Meßdaten. Etwas ‚Gesetzhaftes' kommt aber darin zum Ausdruck, daß das Wachstum während der ganzen Versuchsdauer einer exponentiellen Funktion folgt. Die mathematische Formulierung lautet:

$$N_t = N_0 \cdot \mathrm{e}^{kt}$$

wobei:

$$N_t = \text{Zahl der Glieder zum Zeitpunkt } t,$$

$$N_0 = \text{Zahl der Glieder zum Zeitpunkt } 0$$

$$k = \text{Wachstumskonstante}$$

$$\frac{dN}{dt \cdot N} = \text{relative Wachstumsintensität}$$

Die Gleichung ist über die Beschreibung des Einzelfalls (singulärer Satz) hinaus ein mehr oder minder genereller Satz, da exponentielles Wachstum häufig und bei ganz verschiedenen Systemen vorkommt.

Bei manchen anderen biologischen Gesetzen wäre eine mathematische Formulierung nicht angemessen, zum Beispiel bei den meisten Gesetzesaussagen der vergleichenden Biologie. Ein Beispiel: Die verbale Formulierung für das Grundgesetz der Spermatophyten („Der Inhalt des Embryosacks ist einem weiblichen Gametophyten homolog") ist ebenso prägnant und eindeutig (‚exakt') wie die obige Gleichung. Die Allgemeingültigkeit ist im Fall des ‚Grundgesetzes' sogar höher (partikulärer Allsatz). Die optimale Formulierung biologischer Gesetze, ob zum Beispiel mathematisch oder nicht, ist offensichtlich ein Problem, das ad hoc und pragmatisch gelöst werden muß.

2.6 Empirische Gesetze

Empirische Gesetze sind das Rückgrat der Wissenschaft. Wir beschränken uns auf die Besprechung zweier Klassen: empirische Prozeß- und Koexistenzgesetze. Ein Prozessgesetz erlaubt die Prognose (oder Retrognose) zukünftiger (oder vergangener) Zustände eines Systems, falls die Werte der relevanten Variablen für wenigstens einen Zeitpunkt bekannt sind. Ein Koexistenzgesetz beschreibt die gleichzeitige Existenz von Eigenschaften eines Systems. Sowohl Prozessgesetze als auch Koexistenzgesetze werden in Physik und Biologie sehr ähnlich formuliert.

Das Gesetz des radioaktiven Zerfalls ist ein typisches Beispiel für ein empirisches Prozessgesetz in der Physik. Es lautet in verbaler Sprache: Die Intensität des radioaktiven Zerfalls einer Substanz ist proportional der Menge an Teilchen (N), aber unabhängig von Temperatur, Druck oder chemischer Verbindung. In symbolischer Sprache kann das Gesetz durch die Gleichung

$$-\frac{dN}{dt} = k \cdot N$$

oder

$$N_t = N_0 \cdot \mathrm{e}^{-kt}$$

ausgedrückt werden, wobei k die Zerfallskonstante ist, die weder von der Temperatur, noch vom Druck, noch vom Stand der chemischen Bindung abhängt, sondern lediglich von der Art des Teilchens.

Die obige Gleichung ist ein Beispiel dafür, daß ursprünglich empirische Prozeßgesetze beim Vorliegen einer Theorie für den betreffenden Naturbereich durch allgemeine (theoretische) Gesetze erklärt werden. Diese Erklärung (= Ableitung) folgt dem Hempel-Oppenheim-Modell (→ Abb. 3), wobei die C_i hier keine Rolle spielen. Das Explanandum $N_t = N_0 \cdot \mathrm{e}^{-kt}$ folgt deduktiv aus dem mehr allgemeinen Gesetz (Explanans), daß es zwischen den Mitgliedern einer Population radioaktiver Atome keine Kooperativität gibt oder (anders formuliert), daß der radioaktive Zerfall ein zufallsmäßiger Prozeß ist. Allerdings ist diese ‚Erklärung' insofern unbefriedigend, als sie impliziert, daß der extrem präzise Prozeß, den das empirische Gesetz beschreibt, auf der Ebene der einzelnen Atome nicht vorhersagbar ist. Dieser Umstand, die Nicht-Vorhersagbarkeit der subatomaren Vorgänge, ist ein fundamentales Problem der Quantentheorie.

Ein *formal* entsprechendes empirisches Prozeßgesetz in der Biologie, das exponentielle Wachstumsgesetz, haben wir bereits kennengelernt (→ Abb. 1). Es lautet in verbaler Sprache: Die Wachstumsintensität eines biologischen Systems ist der Menge an System (N) proportional, die bereits vorhanden ist. In symbolischer Sprache:

$$\frac{dN}{dt} = k \cdot N .$$

Diese Differentialgleichung hat die Lösung

$$N_t = N_0 \cdot \mathrm{e}^{kt} ,$$

wobei k als Wachstumskonstante bezeichnet wird. In diesem Fall hängt der numerische Wert von k natürlich von Umweltfaktoren, z. B. von der Temperatur, ab. Die Erklärung des exponentiellen Wachstums durch ein allgemeines (theoretisches) Gesetz lautet, daß exponentielles Wachstum überall dort auftritt, wo allen Mitgliedern einer Population dieselbe Wahrscheinlichkeit für Wachstum und Teilung zukommt.

Ich fasse zusammen: Die gesicherten Aussagen der Wissenschaft erfolgen durch singuläre Sätze (faktische Aussagen, Tatsachenaussagen) oder durch generelle Sätze (Gesetzesaussagen). Die Aussage ‚Narcissus poeticus besitzt 6 Perigonblätter' ist eine Tatsachenaussage, die eine bestimmte Art betrifft; die Aussage ‚Bei den Fischen besteht das Herz aus einem Atrium und einem Ventrikel' ist eine Tatsachenaussage, die sich auf eine bestimmte Klasse von Organismen bezieht. Die Aussage $N_t = N_0 \cdot \mathrm{e}^{kt}$ ist ebenfalls eine Tatsachenaussage, solange sie sich auf das Wachstum einer Kultur bezieht (→ Abb. 1); hingegen wird diese Aussage dann zur Gesetzesaussage, wenn sie das exponentielle Wachstum schlechthin beschreibt. Ein ‚Gesetz' ist somit eine gesicherte Aussage, dic für eine Vielzahl von Systemen gilt. Innerhalb der Gesetze gibt es Rangordnungen. Beispielsweise unterscheidet man zwischen Allsätzen, partikulären Allsätzen, theoretischen Gesetzen, empirischen Gesetzen, Gesetzmäßigkeiten und Regelmäßigkeiten.

2.7 Mathematische Modelle

In unserem Zusammenhang ist ein ‚Modell' etwas, das für etwas anderes steht. Mathematische Modellierung, wobei ein reales Problem in ein mathematisches Problem überführt wird, gilt in den (Natur-) Wissenschaften, aber auch in der Ökonomik und Technik als besonders ‚elegant' und überzeugend.

Wir gehen von einem biologischen ‚Problem' aus (Abb. 2). Wir stünden beispielsweise vor der Aufgabe, Aussagen über die voraussichtliche Wirkung einer Impfaktion zu machen. Natürlich kommt eine experimentelle Lösung des Problems (Abb. 2, linke Seite) nicht in Frage, da man eine Impfaktion an Menschen mit all ihren Risiken nicht einfach einmal probeweise durchführen kann.

Es gibt auch viele Probleme, bei denen eine experimentelle Lösung zwar möglich, aber viel zu aufwendig und teuer wäre (z. B. kann man nicht Tausende von Erdsatelliten probeweise ins All schießen, um aus ihrem Versagen zu lernen,

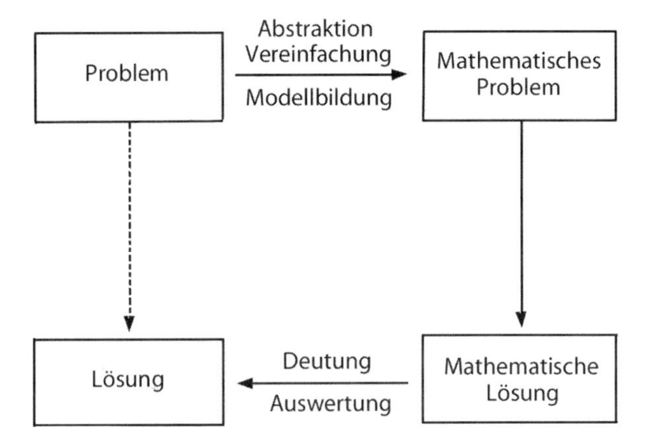

Abb. 2. Der ‚Anwendungsbogen' bei der Problemlösung mit Hilfe mathematischer Modelle. Auf der linken Seite des Schemas befinden wir uns in einem Anwendungsgebiet, auf der rechten Seite ist der Mathematikbereich dargestellt. Der Ausgangspunkt des ‚Anwendungsbogens' ist ein Problem aus dem Anwendungsgebiet. (Nach einer Vorlage von K. Nickel)

oder einfach abwarten, wie sich ein Geburtenrückgang auf die Rentenzahlung auswirken wird). In solchen Fällen ist man gezwungen, den Umweg über den Mathematikbereich zu wählen: Durch eine Modellbildung führen wir (im Sinn der Abb. 2) das praktische Problem auf ein mathematisches Problem zurück.

Bei dieser Modellbildung sind Abstraktionen und Vereinfachungen unvermeidlich, so daß das mathematische Problem nur noch bedingt mit dem ursprünglichen Problem übereinstimmt. Die ‚Kunst der Modellbildung' besteht darin, möglichst alle wichtigen Aspekte des ursprünglichen Problems in das mathematische Modell überzuführen! Insofern ist die ‚richtige' Modellbildung der eigentlich kreative und verantwortungsvolle Schritt. Ist dieser Schritt getan, befinden wir uns im gesicherten Bereich der Mathematik. Mit Hilfe einer in der Regel gut ausgebauten und entwickelten Theorie führen wir das mathematische Problem einer Lösung zu. Diese Lösung besteht in Formeln, Funktionen, Algorithmen, Abbildungen ... Die richtige Deutung und Auswertung dieser Formeln u.s.w. stellt nun wieder höchste Anforderungen an den naturwissenschaftlichen Sachverstand. Gelingt die Auswertung, dann können wir Aussagen darüber machen, wie die Lösung des ursprünglichen Problems aussieht.

Die Vorteile der mathematischen Modellbildung sind offensichtlich: Der Umweg über die Mathematik ist häufig sehr viel billiger; er vermeidet die Gefahren riskanter Experimente am Menschen oder in Ökosystemen; er ist in vielen Fällen der einzig gangbare Weg, zum Beispiel in der Populationsgenetik; er gestattet, auch andere Daten, die zunächst gar nicht zum ‚Problem' gehören, durchzudiskutieren und damit die Aussagekraft der ‚Lösung' zu erhöhen.

2.8 Computergestützte Rechenverfahren

Mathematische Modellierung galt im 20. Jahrhundert als der vornehmste Beitrag der Strukturwissenschaft zur Erfolgsgeschichte der ‚harten' Naturwissenschaften. Neuerdings hat sich das Interesse auf die Computersimulierung und die Bioinformatik verlagert. Im Fall der Bioinformatik reicht das Anwendungsspektrum von der Software zur Verwaltung von Laborexperimenten bis zu Design, Implementierung und Integration von Datenbanken. Auch die mannigfaltigen Algorithmen – für die Beschreibung von Neuronetzen, für das Auffinden von Genen auf einem Chromosom, für die Suche nach ähnlichen DNA-Sequenzen (Homologien) und die Funktions- und Strukturvorhersage von Proteinen – gehören dazu. Computerbasierte Rechenverfahren liefern weithin die Information für eine effizientere Versuchsplanung und -auswertung. Sie beschleunigen die Experimente und vereinfachen und verbessern deren Auswertung. Viele Forschungsvorhaben wurden erst durch den Einsatz des Computers möglich. So hat die Bioinformatik der Molekulargenetik, der Systembiologie, aber auch der Gentechnik und der medizinischen Diagnostik und Medikamentenentwicklung neue Dimensionen erschlossen. Besonders beeindruckt viele von uns die bildliche Darstellung komplexer Zustände, die nicht in diskursiver Sprache beschrieben und auch nicht berechnet werden können. Als Beispiele fallen mir spontan die Visualisierung der Verdichtungsvorgänge in einem Otto-Motor ein oder die bildliche Darstellung von Gedanken – genauer, der Struktur von Gedanken, nicht der Inhalte. Es ist verständlich, dass die „Einwanderung des Bildes in den Kern harter Wissenschaft, sein Gebrauch als epistemisches Instrument" (so heißt es in der Begründung des einschlägigen Basler Forschungsschwerpunktes) derzeit viele Forscher fasziniert.

Weiterführende Literatur zu 2

Bunge, M. (2002) Die Heisenberg'sche Ungleichung. Naturwiss. Rundschau *55*, 229–230

Dosch, H. G. (2004) Jenseits der Nanowelt. Springer, Heidelberg

Hempel, C. G. (1974) Philosophie der Naturwissenschaften. Piper, München

Ingold, G. L. (2002) Quantentheorie. Grundlagen der modernen Physik. Beck, München

Janich, P. (1997) Kleine Philosophie der Naturwissenschaften. Beck, München

Mohr, H. (1981) Biologische Erkenntnis. Teubner, Stuttgart

Mohr, H. (1999) Wissen – Prinzip und Ressource. Springer, Heidelberg

Vollmer, G. (1975) Evolutionäre Erkenntnistheorie. Hirzel, Stuttgart

Vollmer, G. (1995) Wissenschaftstheorie im Einsatz. Hirzel, Stuttgart

Russel, B. (1919) Einführung in die mathematische Philosophie. Emil Vollmer-Verlag, Wiesbaden

3 Grenzen der Erkenntnis

3.1 Kognitive Grenzen

Im Zusammenhang mit der Erörterung der Evolutionären Erkenntnistheorie sind wir bereits an die prinzipiellen Grenzen unseres Erkenntnisvermögens gestossen. Ich repetiere einige wichtige Einsichten aus Kapitel 2.4: Unser Gehirn und unser Denken sind evolutionär entstanden und haben sich demgemäß im Lauf der Evolution an die ‚Strukturen' der realen Welt angepaßt. Die Selektion hat für uns die der Natur gemäßen – und damit im ‚struggle for life' brauchbaren – Denkmuster ausgelesen. Diese Denkmuster, diese kategorialen Voraussetzungen möglicher Erkenntnis, brauchen wir nicht zu lernen. Sie sind in unseren Genen verankert, sie sind genetische Information. Zum Beispiel ist die Erwartung kausaler Zusammenhänge ein „selektionsbewährter Algorithmus", den die Evolution mit dem Ziel einer ökonomischen, der realen Welt gerecht werdenden Datenverarbeitung in unsere Gene und damit in unser Zentralnervensystem eingebaut hat. Die Vorgänge in der Natur **sind** kausal; die Erwartung kausaler Zusammenhänge ist deshalb ein hoher Selektionsvorteil.

Aber die Anpassung unserer kognitiven Strukturen an die Struktur der Welt ist begrenzt. Wir sitzen in einer engen kognitiven Nische. Unsere Anschauungsformen und Kategorien erfassen nur einen Ausschnitt der Welt, den Mesokosmos, den Bereich der mittleren Dimensionen.

Solange wir im Mesokosmos verbleiben, können wir uns auf das ererbte kategoriale Vorwissen über die Welt uneingeschränkt verlassen. Raum, Zeit, Substantialität, Kausalität ..., sie beziehen sich auf die mittleren Dimensionen, an die sich unser Leib und unsere kognitive Struktur – auch die natürlichen Sprachen – im Lauf der genetischen Evolution angepaßt haben. Beim kognitiven Vorstoß in die kleinen und großen Dimensionen mußte man hingegen damit rechnen, daß unsere angeborene Basis versagt.

Unsere Anschauungsformen und kategorialen Schachteln (Kant) lassen uns tatsächlich im Stich. In der Makrophysik werden Raum und Zeit, in der Mikrophysik werden Kausalität und Substantialität problematisch. Wir können über die Dimensionen außerhalb des Mesokosmos allenfalls metaphorisch reden, aber unsere Metaphern stammen aus den mittleren Dimensionen.

‚Erkenntnis' schränkt sich außerhalb der mittleren Dimensionen, in der Mikro- und Makrowelt, auf das ein, was man mit Hilfe mathematischer Strukturen erfassen kann. Mathematik ist in der Tat die einzige ‚Sprache', mit der man über den Mesokosmos hinausgreifen kann.

3.2 Das wissenschaftliche Weltbild

Die religiösen und philosophischen (ideologischen) Weltbilder sind zusammengebrochen. Das wissenschaftliche Weltbild – von der Nanophysik über die mittleren Dimensionen bis hin zur Kosmologie – bestimmt das Denken der einschlägig Gebildeten und liefert die Basis für die intellektuellen und technologischen Innovationen, von denen **alle** leben, auch die Verächter der Wissenschaft.

Das wissenschaftliche Weltbild ist ein Weltbild ohne Gott. ‚Gott' kommt weder in den empirischen Gesetzen noch in den wissenschaftlichen Theorien vor. Die besonnene Antwort von Laplace, der auf die provokative Frage Napoleons nach seinem Verhältnis zu Gott antwortete: „Sire, je n'avais pas besoin de cette hypothèse", spiegelt die methodische Sorgfalt und die epistemologische Disziplin im Denken eines Naturforschers treffend wider – daran hat sich seit Laplace nichts geändert. ‚Gott' wird für eine konsistente und kohärente Beschreibung der Welt nicht mehr gebraucht.

Allenfalls wird er als „erste Ursache" respektiert oder als „unbewegter Beweger", aber keinesfalls als der allmächtige, allwissende und allgütige Gott der abrahamitischen Religionen.

Ein wissenschaftliches Argument kann sich nicht auf ‚göttliches Wirken' berufen. ‚Gott' ist keine zulässige Größe im wissenschaftlichen Diskurs. Dies gilt auch für die Biologie, die Wissenschaft vom Belebten, vom Organischen. Das Verhältnis der Biologie zu den Materiewissenschaften (Kapitel 4) beruht auf drei Grundsätzen, die durch unzählige Belege empirisch untermauert sind:

- Die materielle Zusammensetzung ist in der organischen Welt die gleiche wie in der anorganischen.
- Kein Sachverhalt oder Prozeß in der organischen Welt steht im Widerspruch zu Physik und Chemie.
- Es spricht nichts gegen, aber sehr viel für das Konzept einer universalen Evolution und einer entsprechenden erklärenden Theorie. Der Schöpfungsbericht der Genesis hat bei all seiner Schönheit nichts mit der Entstehung der Realitäten dieser Welt zu tun.

Die Schwierigkeiten, die sich einer Reduktion von Biologie und Gehirnphysiologie auf die Materiewissenschaften entgegenstellen, sind aller Erfahrung nach epistemologischer, nicht ‚ontologischer' Natur. Jedenfalls können sie nicht dadurch aufgelöst werden, daß ‚Gott' ins Spiel gebracht wird.

Der ‚persönliche Gott' der Gläubigen zeugt nach Auffassung der Evolutionären Erkenntnistheorie von unserem epistemischen Verhaftetsein im Mesokosmos, in den mittleren Dimensionen. „Und Gott schuf den Menschen ihm zum Bilde" (1. Mose 1.27) kennzeichnet in der Tat mehr als jede andere Metapher das Eingesperrtsein der menschlichen Vorstellungskraft in den mittleren Dimensionen:

Der mesokosmisch fixierte Mensch schuf sich ‚Gottvater' nach seinem Bilde (Kapitel 2.4).

Der ‚transzendente Gott' der Philosophen, dessen Existenz nicht bewiesen werden kann, ist wissenschaftlich insofern irrelevant als weder die kosmischen noch die subatomaren Theorien, mit denen wir in der Sprache der Mathematik über die mittleren Dimensionen hinausgreifen, auf ‚Gott' Bezug nehmen. Das Nachdenken über einen transzendenten Gott übersteigt die Intentionen (und die Möglichkeiten) der modernen Wissenschaft.

Der Glaube an einen ‚persönlichen Gott' ist unter Naturforschern selten geworden. Die meisten möchten, wie Befragungen ergeben haben, mit den implizierten Widersprüchen und Inkompatibilitäten nicht leben. Ihr ‚religiöses Bedürfnis', sofern es sich noch meldet, orientiert sich eher an dem Pathos, das Max Horkheimer bei seinen Versuchen, das Verhältnis von Religion und kritischer Theorie zu bestimmen, an den Tag legte:

„Was ist Religion im guten Sinn? Der gegen die Wirklichkeit durchgehaltene, immer noch nicht erstickte Impuls, daß es anders werden soll, daß der Bann gebrochen wird und es sich zum Rechten wendet. Wo das Leben bis hinab zu jeder Geste in diesem Zeichen steht, ist Religion."

Schleiermacher hat dies vor 200 Jahren ähnlich gesehen. Er beharrte darauf, daß die Religion keine Funktionen erfülle – außer eben derjenigen, den Menschen wahrhaft zu sich selbst zu bringen.

Menschen und Gemeinschaften, die von der göttlichen Legitimierung ihrer Zielsetzung und ihres Tuns überzeugt sind, halten sich leicht für berechtigt, dafür Gewalt anzuwenden. Dies gilt nicht nur im Verhältnis der Religionen untereinander, sondern auch gegenüber Unbeteiligten („Heiden"). Im Gegensatz zur religiös motivierten Gewaltausübung gelten Freiheit und Gewaltlosigkeit in der Wissenschaft als grundlegende Tugenden: Science is a bridge for peace (A. Einstein).

Was das Christentum angeht, sei hier lediglich vermerkt, daß Jesus von Nazareth als **geschichtliche** Gestalt gerade unter Wissenschaftlern an humanem ‚Interesse' gewonnen hat. Er ist, wie es Heinz Robert Schlette kürzlich formulierte, trotz aller inneren Widersprüche „weithin zur Symbolfigur eines auf Sinn und Humanität bezogenen Lebens unter den Bedingungen der Gegenwart" geworden. Mit Inkarnation und paulinischer Theologie hat dieses Bekenntnis wenig zu tun; umso mehr mit aufgeklärter Humanität.

3.3 Hermeneutik

Hermeneutik im ursprünglichen Sinn ist die Kunst der Auslegung, die ars interpretandi. Die moderne philosophische Hermeneutik betont eher das ‚Verstehen'. Auf die Frage, wie Verstehen eigentlich gelingen könne, hat die philosophische Hermeneutik Hans-Georg Gadamers eine einfache Antwort: Man muß sich auf die

Sache, um die es geht – ein Text, ein Kunstwerk –, einlassen, statt sie wie einen Gegenstand von außen zu betrachten (G. Figal). Gadamers Werk von 1960 „Wahrheit und Methode" gilt als glänzendes Plädoyer für ein eigenständiges geisteswissenschaftliches Forschungsideal, das auf verstehende bzw. interpretierende Erkenntnis abzielt. Bereits Wilhelm Dilthey, einer der Begründer der Wissenschaftstheorie der modernen Geisteswissenschaften, hatte den verstehenden Wissenstyp dem erklärenden Wissenschaftsideal der Naturwissenschaften gegenübergestellt und damit eine strikte Abgrenzung von Natur- und Geisteswissenschaften vorgenommen.

Die philosophische Hermeneutik im Sinne Gadamers – so Günter Figal, ein Schüler Gadamers – habe keinen grundsätzlichen Anspruch als Philosophie. Begriffliche Konstruktion, Grundlegungs- und Letztbegründungsversuche seien mit ihr nicht zu vereinbaren, wissenschaftliche oder auch nur wissenschaftsanaloge Leistungen sollten von ihr nicht erwartet werden ... Mit dem Titel des Gadamerschen Hauptwerks (‚Wahrheit und Methode') solle vielmehr auf eine Wahrheit aufmerksam gemacht werden, die den Kontrollbereich wissenschaftlicher Methodik übersteige. Es gehe Gadamer darum – so Jean Grondin – „die vom herrschenden Paradigma der methodischen Naturwissenschaften unkenntlich gemachte Wahrheit des beteiligten Verstehens zurückzuerobern".

Gadamer setzt in der Tat Hermeneutik und (sinnvolles) Verstehenkönnen gleich. Dies impliziert den Vorrang des Metaphorischen und der Rhetorik und ein besonderes Interesse an sprachlicher Artikulation, am ‚Wesen' der Textinterpretation und an der Möglichkeit von Dichtung.

An dieser Stelle denke ich gerne an einen meiner akademischen Lehrer in Philosophie zurück, an Eduard Spranger, der uns nach den für meine Generation entsetzlichen Erfahrungen des Krieges behutsam in die Welt des Geistes zurückgeführt hat. Spranger hat stets die „weltanschauliche Gebundenheit der Geisteswissenschaften" betont. Aus meinen philosophischen Notizen von 1951 entnehme ich einen Satz Sprangers: „Die Geisteswissenschaften sind gebunden an den geistigen Gehalt und die Gestalt der besonderen historischen Zeitlage, aus der sie erwachsen".

Im Gegensatz dazu gründet sich das Ansehen der Naturwissenschaften auf den Umstand, daß sie Erscheinungen oder Ereignisse (Sachverhalte) zuverlässig erklären können. Zuverlässig bedeutet, daß ich mich beim theoretischen Argument und beim praktischen Handeln auf die Erklärungen **jederzeit** verlassen kann.

3.4 Die kausale Erklärung in den Naturwissenschaften

Die heute gängige Antwort auf die Frage nach dem ‚Wesen' der wissenschaftlichen Erklärung folgt dem von Hempel und Oppenheim explizit gemachten Schema: Einen Sachverhalt erklären, bedeutet in der Wissenschaft, ihn auf generelle Sätze (‚Gesetze') und auf die systemspezifischen Randbedingungen zurückzuführen. Die wissenschaftliche Erklärung (Retrognose) und die wissenschaftliche Voraussage (Prognose) haben eine sehr ähnliche Struktur (Abb. 3).

$$\boxed{\begin{array}{c} L_1, L_2 \ldots L_n \\ C_1, C_2 \ldots C_m \end{array}}$$

Explanans (Prämissen)

$$\boxed{E(P)}$$

Explanandum (Prognose)

Abb. 3. Die logische Struktur der wissenschaftlichen Erklärung und Voraussage nach Hempel und Oppenheim (deductive nomologic model of explanation). Die Erklärung eines bestimmten Sachverhalts (Explanandum) bedeutet, daß wir das Explanandum auf wissenschaftliche Gesetze ($L_1 - L_n$) und auf die systemspezifischen Rand- und/oder Anfangsbedingungen ($C_1 - C_m$), zusammen als Explanans bezeichnet, zurückführen. Bei der Prognose eines bestimmten Ereignisses benützen wir die Gesetze und die Rand- und/oder Anfangsbedingungen als Prämissen.

Im Hempel-Oppenheim-Modell kommen 3 Elemente vor: generelle Sätze („Gesetze"; $L_1, L_2 \ldots L_n$), Aussagen über die systemspezifischen Umstände (Randbedingungen und/oder Anfangsbedingungen; $C_1, C_2 \ldots C_m$) und eine Aussage über den Sachverhalt, der zu erklären ist (E) oder den man voraussagt (P). Im Fall einer Erklärung bilden die generellen Sätze in Verbindung mit den Rand- und/oder Anfangsbedingungen des Explanans. Die Aussage über den zu erklärenden Sachverhalt ist das Explanandum. Im Fall einer Prognose bilden die generellen Sätze in Verbindung mit den Rand- und/oder Anfangsbedingungen die Prämissen. Die Aussage über das zu erwartende Ereignis nennen wir die Prognose. Die Qua-

$L_1\colon\ x = \frac{1}{2}gt^2$ $\qquad L_2\colon\ \dfrac{\text{träge Masse}}{\text{schwere Masse}} = \text{konstant}$

$L_3\colon$ Kausalitätsprinzip

$C_1\colon$ Vakuum $\qquad C_2\colon\ g = 9{,}81\ \mathrm{ms}^{-2}$
(nicht streng konstant, z. B. Unterschiede am Äquator und am Pol)

$C_3\colon\ v_0 = 0$ $\qquad C_4\colon\ x_0 = 0$

$E(P)\colon$ Innerhalb von $\frac{1}{2}$ s fällt ein schwerer Körper an der Erdoberfläche 1,23 m

Abb. 4. Anwendung des Hempel-Oppenheim-Modells auf den Sachverhalt des freien Falls. L_1: Die heutige Formulierung des Fallgesetzes. Das Gesetz L_2 lautet in der entsprechenden verbalen Formulierung: Masse und Gravitationsladung sind einander proportional. Die Proportionalitätskonstante hat einen universellen Wert. C_1 und C_2 sind Randbedingungen. C_3 und C_4 Anfangsbedingungen.

lität (Güte) der Gesetze und Randbedingungen bestimmt natürlich die Güte einer Erklärung oder die Präzision einer Prognose.

Als Paradigma einer kausalen Erklärung wählen wir die Erklärung des freien Falls. Galilei entdeckte bei seinen Experimenten um 1604, daß schwere Körper verschiedenen Gewichts den Boden gleichzeitig erreichten, wenn er sie vom Schiefen Turm in Pisa herunterfallen ließ. Er schloß daraus, daß der freie Fall schwerer Körper nicht von ihrer Masse abhängt und daß für alle Körper das gleiche Fallgesetz gilt. Die Abb. 4 beschreibt aus heutiger Sicht das komplette, auf den Sachverhalt des freien Falls angewendete Hempel-Oppenheim-Schema.

Erläuterung zum Kausalitätsprinzip: Das Kausalitätsprinzip, wie es im ‚gesunden Menschenverstand' verankert ist, beschreibt die Überzeugung, daß ein und dieselbe Ursache stets zu ein und derselben Wirkung führt. Vom Standpunkt der evolutionären Erkenntnistheorie aus ist das Kausalitätsprinzip Teil unseres angeborenen, apriorischen Wissens über die Struktur der Welt der mittleren Dimensionen. Die Schwierigkeiten, die aufgrund des probabilistischen Charakters der Quantentheorie bei der Formulierung des Kausalitätsprinzips entstanden sind, haben das an den mittleren Dimensionen orientierte allgemeine Bewußtsein zu Recht nicht berührt. Was die Quantenphysik aber deutlich gemacht hat, sind gewisse Grenzen der Voraussagbarkeit quantenphysikalischer Ereignisse (z. B. Unschärferelationen).

Erläuterung zum Fallgesetz: Galilei fand die korrekte Formulierung des Gesetzes für den Freien Fall wahrscheinlich um die Mitte des Jahres 1604: Die Geschwindigkeit eines fallenden schweren Körpers ist proportional seiner Fallzeit. In der Mechanik nennt man einen solchen Vorgang eine geradlinig gleichförmig beschleunigte Bewegung. Für den freien Fall gilt, wenn er aus der Ruhe erfolgt (d. h. wenn $v_0 = 0$ und $t = 0$):

$$g = \text{const} \quad \text{(Erdbeschleunigung)}$$
$$v = g \cdot t \quad \text{(Geschwindigkeit zum Zeitpunkt } t\text{)}$$
$$x = \tfrac{1}{2} g t^2 \quad \text{(Fallhöhe)}$$

Das empirische Fallgesetz können wir heute auf das Newtonsche Gravitationsgesetz zurückführen. Diese Erklärung empirischer Gesetze durch theoretische Gesetze ist ein wesentliches Merkmal der Naturwissenschaften. Das Newtonsche Gravitationsgesetz wurde allerdings von Einstein im Rahmen der allgemeinen Relativitätstheorie genauer formuliert, wobei auch Teilchen ohne Ruhemasse, z. B. Photonen, Berücksichtigung finden. Für Körper mit Ruhemasse wird das Newtonsche Gravitationsgesetz nur geringfügig abgeändert (Kapitel 2.6).

3.5 Die funktionale Erklärung

Die kausale Erklärung, also die Erklärung nach Ursache und Wirkung, ist die Erklärungsform in der Physik. In der Biologie (und in der Technologie) kommt eine weitere Erklärungsform hinzu, die funktionale Erklärung. Sie entspricht der

Betrachtungsweise der vergleichenden Biologie. Funktionale Erklärungen sind wissenschaftliche Aussagen über die Rolle, die ein Teil in einem Ganzen spielt. Sie erklären den „Sinn und Zweck" eines Teils in einem funktionierenden Ganzen. „Teil" kann hierbei eine Struktur, ein Molekül, ein Prozeß, eine Verhaltensweise sein. Das Ganze kann ein Organismus sein oder eine Gruppe von Organismen.

Bei der Anwendung des Hempel-Oppenheim-Modells auf Sachverhalte der vergleichenden Biologie geht es nicht um kausale, sondern um funktionale Erklärung. Demgemäß ersetzt das Homologieprinzip das Kausalitätsprinzip.

Zwei Beispiele für funktionale Erklärungen:

- Höhere Tiere besitzen Nieren, weil diese Organe die Endprodukte des Proteinstoffwechsels ausscheiden müssen. Anders formuliert: Nieren haben den Zweck, stickstoffhaltige Stoffwechselendprodukte auszuscheiden.
- Die Nachtigall zieht im Herbst in wärmere Länder, weil sie dort auch im Winter ihr Futter und ein geeignetes Klima findet. Anders formuliert: Das Verhalten des Zugvogels hat den Sinn, das Überleben im Winter zu gewährleisten.

Die funktionale Erklärung basiert auf der Überzeugung, dass biologische Systeme optimierte, zweckmäßige Systeme sind. Dies bedeutet, dass sie keine nutzlosen Teile enthalten. Finden wir offensichtlich nutzlose oder schlecht funktionierende Teile, so erklären wir sie kausal als rudimentäre Teile. Wir führen also die schlechte Funktion eines Teils oder die Existenz überflüssiger Teile auf die Besonderheiten der evolutiven Herkunft des Ganzen zurück. Dies ist natürlich nur deshalb möglich, weil wir die Evolutionstheorie als nahezu selbstverständliches Paradigma akzeptiert haben. Man muß sich aber stets vor Augen halten, dass funktionale Erklärungen nicht notwendigerweise den Glauben an eine darwinische Evolution voraussetzen.

Die Welt als Schöpfung eines allwissenden und allmächtigen Schöpfers ist ein ebenso brauchbarer Ausgangspunkt für funktionale Erklärungen in der Biologie. Allerdings bereitet die überzeugende Erklärung der in jedem biologischen System vorkommenden Defekte und rudimentären Teile unter diesen Umständen nahezu unüberwindliche Schwierigkeiten. Es fällt dem Naturforscher schwer, offensichtliche Mängel und Fehlkonstruktionen als Teil eines göttlichen „Heilplans" oder als die Folgen einer Ursünde anzuerkennen. Die Evolutionstheorie hingegen kann die angepasste Zweckmäßigkeit eines Organismus ebenso überzeugend und elegant erklären wie seine Unzulänglichkeiten. Dies ist ein entscheidender Grund dafür, dass die heutigen Biologen die Evolutionstheorie als ein unerschütterliches Paradigma ansehen.

3.6 Mythische Erklärungen

Die Menschen wussten vermutlich schon in der Steinzeit, dass sie der Sonne ihre Existenz verdankten, aber erst im 20. Jahrhundert konnte wissenschaftlich geklärt werden, wie die Sonne ‚funktioniert'. Vorher war man auf mythische ‚Erklärungen' angewiesen. Unter den Sonnengöttern war der griechische Helios vermutlich der prominenteste. Helios fuhr täglich in dem mit vier Pferden bespannten Sonnenwagen über den Himmel, nachts in einem goldenen Kahn auf dem Okeanos nach Osten zurück. Heute ‚wissen' wir, dass die Sonne, ein recht gewöhnlicher Stern, mit einer Oberflächentemperatur von 5785 K strahlt und dass sie ihre Energie über Reaktionen wie

$$\mathrm{p} + \mathrm{p} \rightarrow \mathrm{d} + \mathrm{e}^{+} + \upsilon_{\mathrm{e}} + E_{\mathrm{kin}}$$

produziert, wobei

p = Proton, d = Deuteron (^{2}H), e^{+} = Positron
υ_{e} = Elektron-Neutrino, E_{kin} = freigesetzte kinetische Energie.

Außerdem sind wir uns sicher, dass sich im Inertialsystem der Fixsterne die Erde um die Sonne bewegt und nicht umgekehrt. In ähnlicher Weise hat die Wissenschaft in ihrem Einzugsgebiet (fast) alle mythischen ‚Erklärungen' durch wissenschaftliche ersetzt.

3.7 Metaphorik

Der Metaphorik – dem Reden in Bildern und Gleichnissen – kann sich der Naturwissenschaftler gleichwohl nicht entziehen. Der Grund dafür ist einfach. Die Evolutionäre Erkenntnistheorie lehrt uns, daß die Anpassung unserer kognitiven Strukturen an die Struktur der Welt begrenzt ist. Wir sitzen in einer engen kognitiven Nische. Unsere Anschauungsformen und Kategorien erfassen nur einen Ausschnitt der Welt, den Mesokosmos, den Bereich der mittleren Dimensionen (Kapitel 2.4).

Über den Mesokosmos können wir reden. Die natürlichen Sprachen sind mentale Werkzeuge der mittleren Dimensionen. Nur mit Hilfe mathematischer Strukturen, die *überall* gelten, kann die moderne Wissenschaft über den Mesokosmos nach oben und nach unten hinausgreifen. Das Anschauungs- und Vorstellungsvermögen hingegen bleibt auch beim Wissenschaftler mesokosmisch. Niemand in der Wissenschaft kann sich Strings, Photonen oder Lichtjahre vorstellen. Auch in der Wissenschaft, nicht nur in der Philosophie, ist Metaphorik eine Konzession an unser epistemisches Eingesprerrtsein in den mittleren Dimensionen.

Auch der Physiker nimmt Zuflucht zur Metaphorik, wenn er seine Welt den Menschen im Lande nahe bringen will. Aber er sollte bei dieser Strategie das Risiko bedenken, dass Metaphern und Symbole stets mehrdeutig sind, während die abstrakten Gleichungen der Physik (in der Regel) auf Eindeutigkeit Anspruch erheben.

Das metaphorische Reden über Gott bildet die Grundlage der Theologie. Auch Albert Einstein, ein Meister der Abstraktion **und** der Metaphorik, hat immer wieder von Gott gesprochen, aber Gott war für ihn eine Metapher für das große Unbekannte, für das Reich der Transzendenz: "I do not believe in the God of theology. My God created the universe with its immutable laws." Der transzendente Gott Einsteins wird dadurch zum lebendigen Gott, daß ihm die Attribute der mittleren Dimensionen verliehen werden. Der mesokosmisch fixierte Mensch schuf sich

Gott nach seinem Bilde; einen Gott, der ihm entspricht, zu dem er reden kann und der ihn hört. Für die moderne Wissenschaft wurde Gott wieder zum Geheimnis, das der Mensch weder denken noch umschreiben kann. Demgemäß ist das wissenschaftliche Weltbild unserer Zeit dezidiert ein „Weltbild ohne Gott" (Kapitel 3.2).

3.8 Rhetorik in den Wissenschaften

Auch die Rhetorik genießt – wie die Metaphorik – in der Wissenschaft nur eingeschränkten Respekt. Rhetorik – die Herstellung von Überzeugung, die Lenkung der Seele durch die Rede (Platon) – gilt in der Soziobiologie als eine Überlebensstrategie der Menschen im Sozialverband. Sie schafft – in Blumenbergs Worten – „Institutionen, wo Evidenzen fehlen." In der Wissenschaft gilt Rhetorik eher als ‚trügerische Verführerin'. Anders in der philosophischen Hermeneutik: Wie Gadamer sagt, entsprechen Rhetorik und Hermeneutik einander als „Redenkönnen" und „Verstehenkönnen". Bei Gadamer tritt uns die Rhetorik allerdings in einer philosophisch abgeklärten Form entgegen, die den philosophischen Protagonisten der Postmoderne in der Regel verloren gegangen ist. Das postmoderne Reden und Urteilen über die Naturwissenschaften – nach Sokal und Bricmont meist ein Gebräu aus Unkenntnis und Großsprecherei – hat die Bedeutung des rhetorisch gewandten Arguments – im Sinn von „Redenkönnen" als Partner des „Verstehenkönnens" – völlig entwertet („karnevalesker Unsinn", nach Michael Springer). Rhetorik ist den meisten auf Beweis und Evidenz bedachten Naturwissenschaftlern als ars oratoria suspekt geworden, als eine „Kunst, sich der Schwächen der Menschen zu seinen Absichten zu bedienen", wie Kant es seinerzeit formulierte.

Natürlich gibt es Naturforscher, auch bedeutende, die ihre rhetorischen Fähigkeiten in eigener Sache anwenden. Solange dies ihre wissenschaftlichen Aussagen nicht tangiert, kann und sollte man darüber hinwegsehen.

3.9 ‚Verstehen' in den Naturwissenschaften

Auch in den Naturwissenschaften ist häufig die Rede davon, daß man Sachverhalte ‚verstehen' möchte. Chemiker sprechen oft davon, daß sie nunmehr eine bislang unverständliche Reaktion ‚verstehen'. Gemeint ist damit der schlichte Sachverhalt, daß das in Frage stehende Geschehen im Rahmen einer Theorie angemessen beschrieben werden kann, zum Beispiel in der Sprache der Quantenchemie: „Wir verstehen nunmehr den Ladungstransfer entlang der DNA", sagte kürzlich einer meiner berühmten Kollegen.

Auch in der Biologie bezeichnet man mit ‚verstehen' oftmals den Umstand, daß ein Prozess in der Sprache der Wissenschaft *beschrieben* werden kann: „Wir verstehen im großen und ganzen die Evolution der Hominiden". Diese (nachlässige) Diktion darf nicht zu einer Verwechslung mit dem Anspruch philosophischer Hermeneutik Anlaß geben. In aller Regel meint man ‚Erklären' auf hohem Niveau, wenn in den Naturwissenschaften von ‚Verstehen' die Rede ist. Es geht entweder um die Subsumtion eines Fakts („Innerhalb von $\frac{1}{2}$ s fällt ein schwerer Körper ca. 1,23 m", s. Abb. 4) unter das einschlägige empirische Gesetz (‚Fallgesetz'), oder um die Subsumtion des empirischen Gesetzes unter das relevante theoretische Gesetz (in diesem Fall das Newtonsche Gravitationsgesetz), oder um die genaue ‚mechanistische' Beschreibung eines Sachverhalts auf einem hohen theoretischen Niveau. Unabhängig von der gelegentlich lässigen Wortwahl folgt die ‚Logik der Forschung' fest etablierten, eigenständigen und strengen epistemologischen Regeln. Die philosophische Hermeneutik, als Ausdruck einer geistes- und gesellschaftswissenschaftlichen Methoden- und Prinzipienreflexion, ist den logisch-mathematisch formalisierten Naturwissenschaften wesensfremd geblieben. Es macht deshalb keinen Sinn, von einer ‚naturwissenschaftlichen Hermeneutik' zu sprechen.

Der Naturforscher hat sich einen hermeneutischen Zugang zu seinen Sachverhalten allenfalls auf dem Niveau der Metatheorie bewahrt. Bekannte Beispiele sind die Interpretation der logisch-mathematischen Grundlagen, duale Deutungsmuster in der Quantentheorie, die Aporetik des Leib-Seele-Problems im Lichte der modernen Neurobiologie, usw. Beim täglichen Umgang mit den wissenschaftlichen Fakten und empirischen Gesetzen – um diesen Umstand nochmals zu betonen – spielt die hermeneutische Interpretation erfahrungsgemäß keine Rolle.

An den Grenzen des Wissenschaftlichen, bei der **Beurteilung** von Theorien, hat sich allerdings eine bemerkenswerte Grauzone herausgebildet. Der Versuch zum Beispiel, die Paradoxien der Quantentheorie zu ‚verstehen', hat über Jahrzehnte hinweg prominente Physiker und einige sachverständige Philosophen zu geistvollen Äußerungen über das ‚Wesen' der Kausalität veranlaßt (s. Legende zu Abb. 4). Diese Reflexionen haben indessen weder auf dem Niveau der Theorie noch auf der empirischen Ebene zu Konsequenzen geführt. In der Biologie ist immer wieder versucht worden, vergeblich wie ich meine, den hermeneutischen Zirkel oder die kultivierte Empathie (den Versuch des Verstehens durch ‚Mitfühlen') für das wissenschaftliche Fragen fruchtbar zu machen. Der hermeneutische Zirkel oder auch ‚Zirkel des Verstehens' ist eine in der philosophischen Hermeneutik vielfach verhandelte Thematik: Das Einzelne könne nur durch das Ganze, und umgekehrt das Ganze nur durch das Einzelne ‚verstanden' werden. Wie Lutz Geldsetzer m.E. treffend bemerkt, stellt die Rede vom Zirkel eine unzulässige logische Metapher dar, da das Verhältnis des Sinnganzen zum Bedeutungselement und vice versa kein irgendwie fassbares „logisches Verhältnis von Beweisgrund und Ableitung" darstelle.

Von naturwissenschaftlicher Seite neigt man ohnehin zu empirisch bewährten methodischen Konzepten. Das von Max Hartmann formulierte „Vierfache Methodengefüge", in dem Analyse, Synthese, Induktion und Deduktion verknüpft sind, wird nach allen Erfahrungen dem tatsächlichen Procedere der naturwissenschaftlichen Forschung weit mehr gerecht als der ominöse hermeneutische Zirkel.

Gegenüber den inhärenten Aporien der modernen Naturwissenschaften ist die Hermeneutik vollends hilflos:

Es gibt nicht den mindesten Hinweis darauf, daß die Argumentationsformen und Denkstrukturen der philosophischen Hermeneutik dazu beitragen könnten, die Paradoxien der Quantenphysik, der modernen Kosmologie oder der heutigen Neurobiologie aufzulösen, weder auf dem Niveau der Theorie noch auf der Ebene der Metatheorie. Die hermeneutischen Philosophen sollten diesen Umstand respektieren und sich nicht in das Geschäft der Wissenschaft einmischen. Was das ‚Unbekannte' angeht, das Einstein mit ‚Gott' angesprochen hat, bleibt uns nur die bewährte Metaphorik – und der stillschweigende Respekt vor jenen Dimensionen der Wirklichkeit, die sich unserem rationalen ‚Verständnis' entziehen.

3.10 Naturwissenschaften ‚verständlich machen'?

Sind Mathematik und Naturwissenschaften darauf angewiesen, ihre Erkenntnisse in alltagssprachliche Erzählungen und Bilder zu übersetzen um sie allgemein verständlich zu machen? Wenn ja – und ich sehe keine Alternative –, wo liegen die Grenzen der Metaphorik, wie weit darf man gehen, ohne ‚Erkenntnis' zu verballhornen oder einzelne Sachverhalte total zu entstellen? Reicht das ‚Verstehen' nur so weit wie die Möglichkeiten des Narrativen eben reichen? Dies ist eine eminent praktische Frage! Mit welcher Metaphorik soll ich meinem Nachbarn, der nie etwas von den Maxwell'schen Gleichungen gehört hat, den ‚Elektrosmog' verständlich machen, der ihn und viele andere Bewohner des Dreisamtales derzeit ängstigt? Wie können wir die Erkenntnisse der modernen Genetik unseren Mitbürgern kommunizieren, ohne Missverständnisse und Ängste zu erzeugen?

Das Problem ist nicht neu, natürlich. Um 1690 stellte sich der überragende Philosoph John Locke einen Menschen vor, "with microscopical eyes, many times more acute than the best microscope. Such a man might grasp the deep texture and the motion of the minute parts of corporeal things, but would be in a quite different world from other people ... I doubt, whether he, and the rest of men, could discourse concerning the objects of sight".

Treffender können wir das Dilemma, in dem wir als Wissenschaftler stecken, auch heute nicht beschreiben.

Weiterführende Literatur zu 3

Chalmers, A. F. (1999) Grenzen der Wissenschaft. Springer, Heidelberg

Dawkins, R. (2006) The God Delusion. Bantam, London

Dear, P. (2006) The intelligibility of nature: How science makes sense in the world. Univ. of Chicago Press, Chicago

Figal, G. (1996) Der Sinn des Verstehens. Reclam, Stuttgart

Gadamer, H. G. (1960) Wahrheit und Methode. Grundzüge einer philosophischen Hermeneutik. Mohr/Siebeck, Tübingen

Geldsetzer, L. (1989) Hermeneutik. In: Handlexikon zur Wissenschaftstheorie. Ehrenwirth, München

Hartmann, M. (1948) Die philosophischen Grundlagen der Naturwissenschaften. Fischer, Jena

Hempel, C. G. (1974) Philosophie der Naturwissenschaften. Piper, München
Hawking, S. (2007) Die kürzeste Geschichte der Zeit. Rowohlt, Reinbek
Mohr, H. (1977) Structure and significance of science. Springer, New York
Mohr, H. (1999) Wissen – Prinzip und Ressource. Springer, Heidelberg
Mutschler, H.-D. (2005) Physik und Religion. Wiss. Buchgesellschaft, Darmstadt
Scarani, V. (2007) Physik in Quanten. Spektrum, Heidelberg
Sokal, A., Bricmont, J. (1999) Eleganter Unsinn – Wie die Denker der Postmoderne die Wissenschaften mißbrauchen. C. H. Beck, München
Woodward, J. F. (2005) Making things happen: a theory of causal explanation. Oxford Univ. Press, London

4

Biologie und die Materiewissenschaften

4.1 Das Problem der Reduktion

Das Verhältnis der Biologie zu den Materiewissenschaften Physik und Chemie beruht auf zwei Grundannahmen:

1. Die materielle Zusammensetzung ist in der organischen Welt die gleiche wie in der anorganischen.
2. Kein Sachverhalt oder Prozess in der organischen Welt steht im Widerspruch zu Physik und Chemie.

Diese Grundannahmen werden auch von jenen Biologen akzeptiert, die eine Reduktion von Biologie auf Physik weder für möglich noch für erstrebenswert halten.

Reduktion bedeutet den Versuch, komplizierte Naturerscheinungen durch die Wechselwirkung einfacher Teilsysteme zu erklären. In den Naturwissenschaften interessiert besonders die Frage, ob die Eigenschaften und das Verhalten der Materie und der Organismen durch die Eigenschaften ihrer Komponenten, Moleküle, Atome, Elementarteilchen erklärbar sind. Reduktion ist ein zentrales Anliegen der modernen Naturwissenschaften und eine wesentliche Ursache für ihren Erfolg.

Reduktion ist auch für den Biologen keine schiere Illusion. Die Distanz zwischen der organischen Welt und der Welt des Unbelebten ist viel kleiner als man früher angenommen hat.

Die Sequenzierung ganzer Genome hat wahrhaft erstaunliche Ergebnisse geliefert, zum Beispiel die Erkenntnis, dass die fast unendlich komplex gedachten Lebensprozesse auf einer relativ geringen und damit wissenschaftlich erfassbaren Zahl von Genen beruhen. Es gibt Bakterien, Prokaryoten, die mit 500 Genen auskommen. Der erste sequenzierte Modellorganismus für höhere Zellformen (Eukaryoten), die Bäckerhefe, besitzt lediglich 6000 Gene. Selbst der Mensch mit seinen etwa 30 000 Genen ‚lebt' von sehr viel weniger Sequenzinformation als ursprünglich vermutet.

Phänomenologisch neigen wir dazu, die natürliche Welt, den Mesokosmos um uns, in „Seinsstufen" mit aufsteigender Komplexität zu ordnen. Der Stufen- oder Schichtenbau der Welt ist in unserer intellektuellen Neigungsstruktur (Propensität) verankert. Der heute übliche Stufenbau – von den subatomaren Teilchen über Atome und Moleküle zu Makromolekülen, Zellen und Organismen, und schließlich zu Sozietäten und Ökosystemen – ist zwar im Detail ein Ergebnis wissenschaftlicher Erkenntnis; im Prinzip aber korrespondiert dieser Stufenbau mit unserer vorwissenschaftlichen Weltsicht.

Auch das Konzept der Wechselwirkung erscheint uns selbstverständlich. Moleküle schließen sich zu Stoffwechselbahnen zusammen, aus deren Wechselwirkungen Zellen hervorgehen. Durch die Wechselwirkungen zwischen Zellen entstehen Organismen; durch die Wechselwirkungen zwischen Organismen entstehen Sozietäten, Ökosysteme und Wirtschaftssysteme.

Der Stufenbau der Welt impliziert, daß die höheren Stufen die tieferen einschließen und daß der empirische Reichtum der Seinsstufen von unten nach oben zunimmt. Unser heutiges Bild vom Stufenbau suggeriert natürlich auch die paradigmenhafte Gültigkeit des Konzepts einer universalen Evolution und einer totalen Reduktion: Die komplexeren Systeme sind aus einfacheren Systemen im Zuge einer deterministischen Evolution entstanden, so glauben wir; und deshalb sollte es möglich sein, das Komplexe aus dem Einfachen zu erklären, auch im Bereich des Organischen.

Die Paradigmen der etablierten Evolutionstheorie reichen dafür nicht aus. Ich stimme meinem Kollegen Stuart Kauffman darin zu, daß Mutation, Rekombination und Selektion nur in solchen Fitnesslandschaften die Evolution vorantreiben können, die weder zu uniform noch zu zerklüftet sind. Kauffman hat seine Auffassung durch subtile Rechenmodelle begründet, wonach die klassischen Triebkräfte der organismischen Evolution nur in solchen Systemen funktionieren können, die bereits eine gewisse Ordnung durch Selbstorganisation ausgebildet haben.

Aber im Prinzip akzeptieren wir alle das Konzept einer universalen Evolution, die den Menschen fraglos einschließt. Unbehagen bereitet allerdings der klassische Einwand gegen eine universale Evolution, der da lautet:

Wir stoßen bei der Analyse der Seinsstufen auf Emergenzen, auf emergente Eigenschaften.

4.2 Emergenz

Emergenz ist die Entstehung qualitativer Neuheit, und emergente Eigenschaften sind qualitativ neue Eigenschaften, die auftauchen, wenn man von einer tieferen Seinsstufe zu einer Stufe höherer Komplexität aufsteigt. Emergenz und emergente Eigenschaften sind nicht voraussagbar aufgrund unseres Wissens über die unteren Stufen.

Leben ist eine emergente Eigenschaft der Zelle (nicht aber ihrer Moleküle und Organellen); Bewußtsein ist eine emergente Eigenschaft von Organismen mit einem hoch entwickelten Zentralnervensystem; und Freiheit ist eine emergente Eigenschaft des Menschen als einem selbstverantwortlichen, moralischen Subjekt.

Wie gehen wir mit den phänomenologisch unbezweifelbaren Emergenzen um?

Der Emergenzbegriff ist der klassische Gegenpol zum Reduktionsbegriff. Eine starke Emergenzaussage behauptet, daß eine hierarchisch höhere Schicht Eigenschaften hat, die durch keinerlei zwischenschichtliche Koppelungsgesetze aus hierarchisch tieferen Schichten erklärbar sind. Eine Emergenz führte in diesem Fall zu ontologisch neuer Kategorien (wie sie seinerzeit der Vitalismus postulierte). Eine schwache Emergenzaussage läßt hingegen offen, ob und wie ein Auftreten von qualitativ Neuem erklärbar ist, behauptet aber, daß die Welt Schichtstruktur besitzt und daß jede Ebene eigene Eigenschaften und Gesetze hat.

Starke Emergenzaussagen – ontologisch neue Kategorien – würde dem Konzept einer universalen deterministischen Evolution widersprechen. Sie sind deshalb für den Naturwissenschaftler nicht akzeptabel. Schwache Emergenzaussagen sind hingegen in der Wissenschaft nahezu selbstverständlich. Aus gutem Grund: Reduktion und Emergenz widersprechen einander nur dann, wenn man beide Begriffe in einem starken Sinn versteht, also entweder darauf besteht, daß Emergenzen zu ontologisch neuen Kategorien führen oder emergente Eigenschaften als Ausdruck vorläufiger Ignoranz interpretiert, was nicht zu begründen ist und historisch nicht erfolgreich gewesen ist.

Das Insistieren auf starker Reduktion hat sich in den Naturwissenschaften nicht bewährt. Ein Sachverhalt heißt im starken Sinn auf eine fundamentale Theorie reduziert, wenn er im vollen Umfang und ohne Approximationen aus den ersten Prinzipien dieser Theorie hergeleitet werden kann. Falls ein Sachverhalt verträglich ist mit den ersten Prinzipien einer Theorie, aus dieser aber nur durch zusätzliche Annahmen oder durch in sich konsistente Approximationen hergeleitet werden kann, dann sprechen wir von einer Reduktion im schwachen Sinn.

Das Verhältnis von Biologie und Chemie/Physik ist dadurch gekennzeichnet, daß schwache Emergenzaussagen und Reduktionen im schwachen Sinn bestimmend sind. Auf diese Weise wird nicht nur den phänomenologisch unabweisbaren Emergenzen Rechnung getragen, sondern auch dem Konzept einer universalen Evolution. Dies ist ein kluger Kompromiß, der – philosophisch gesehen – die Entwicklung der modernen Biologie ermöglicht hat.

Auch innerhalb der Materiewissenschaften ist starke Reduktion eher ein Sonderfall geblieben. Die klassischen wissenschaftlichen Disziplinen (Physik, Chemie, Biologie) werden auch in Zukunft ihre Eigenständigkeit bewahren, da die emergenten Eigenschaften einer jeden Seinsstufe einer starken Reduktion zumindest praktische Grenzen setzen.

Die Überschätzung von Analogien hat bei der Debatte über die Möglichkeit und die Grenzen von Reduktion viel Verwirrung gestiftet. Ein prominentes Beispiel ist die Frage, ob biologische Phänomene „in Wirklichkeit" deterministisch sind und sie nur wegen der Vielzahl kausaler Variabler und unserer Unfähigkeit, sie zu kontrollieren, probabilistisch erscheinen, oder ob biologische Prozesse „wahrhaft" probabilistisch sind, analog zu den Auffassungen, die sich in der Quantenmechanik für Elementarteilchen fest etabliert haben. Es ist eine Tatsache, dass biologische Phänomene nur in einem probabilistischen Begriffsrahmen angemessen erörtert werden können, aber die meisten Biologen gehen davon aus, dass sie es mit einem pragmatischen, nicht mit einem prinzipiellen Probabilismus zu tun haben. In der Quantentheorie hingegen sind Probabilismus und Indeterminismus konstitutive Prinzipien.

Vor dem Hintergrund, den ich Ihnen soeben mit pastosen Strichen skizziert habe, möchte ich jetzt zwei Fallstudien behandeln, bei denen emergente Eigenschaften eine besondere Rolle spielen: Anthropogene Ökosysteme und das Leib-Seele-Problem.

4.3 Natürliche und anthropogene Ökosysteme

Ökologie, so habe ich als Student gelernt, sei die Wissenschaft von den Beziehungen der Organismen untereinander und zu ihrer Umwelt. Heute steht die *Ökosystemforschung* im Zentrum wissenschaftlicher Ökologie. Diese Akzentverschiebung bedeutet, daß ganze Ökosysteme – definierte Ausschnitte der Biosphäre – zum Betrachtungsgegenstand geworden sind. Das Systemdenken gehört ganz wesentlich zur modernen Ökologie. Hier zeigt sich die Herkunft der Ökologie aus dem Schoß der Physiologie, die seinerzeit das Systemdenken in Biologie und Medizin eingeführt hat. Konzepte wie Homöostasis (regulatorisch erzielte Stabilität der Körperfunktionen), Entwicklungshomöostasis (regulatorisch erzielte Stabilität von Entwicklungsvorgängen) und Fließgleichgewicht (dynamischer Gleichgewichtszustand eines Systems, bei dem Zu- und Abfluß von Materie und Energie sich die Waage halten) sind dafür bezeichnend.

Eine besondere Rolle spielt der Begriff des ökologischen Gleichgewichts. Dies ist die Bezeichnung für einen phänomenologisch stationären Zustand ökologischer Systeme über einen längeren Zeitraum hinweg. Ökologische Gleichgewichte sind weder thermodynamische Gleichgewichte noch – im strengen Sinn – Fließgleichgewichte (da feste, zeitunabhängige Randbedingungen nicht zu definieren sind); charakteristisch ist vielmehr die (relative) Stabilität gegenüber Störungen von außen. Entsprechend rücken Regelmechanismen ins Blickfeld der Forschung, wie in der neueren Physiologie. In der thermodynamischen Version der Ökosystemtheorie steht das Konzept, daß der Zustand des Fließgleichgewichts durch ein Minimum der Entropieproduktion ausgezeichnet ist, im Vordergrund des Interesses. Damit ist gemeint, daß ein Ökosystem um so weniger Energie „verschwendet", je näher es dem Fließgleichgewicht kommt.

Vor etwa 10 000 Jahren setzte die *„Neolithische Grüne Revolution"*, die Entwicklung der Landwirtschaft, ein. Davor bestritten die Menschen ihren Lebensunterhalt durch verschiedene Formen der Jagd und des Sammelns. Ab 8000 v. Chr. wurde in verschiedenen Gebieten der Erde unabhängig voneinander damit begonnen, Pflanzen und Tiere zu domestizieren, zuerst im Fruchtbaren Halbmond des Nahen Ostens. Die Einführung des Feldbaus geschah – gemessen an der menschlichen Vorgeschichte – in extrem kurzer Zeit. Die damit verbundene Steigerung der Tragekapazität führte zu einer Art „Bevölkerungsexplosion": Vor 10 000 Jahren lebten 5 (–10) Millionen Menschen, vor 4000 Jahren bereits 100 Millionen. Die

„Industrielle Revolution" im 19. Jahrhundert – flankiert von entsprechenden Entwicklungen auf dem Agrarsektor – löste eine ähnliche Entwicklung aus. Derzeit leben rund 7 Milliarden Menschen.

Die Verwandlung von Natur in produktive Umwelt gilt mit Recht als der Kulturakt schlechthin. In die Transformation von Natur in Umwelt investiert der Mensch Wissen, Denken und Arbeit. Daraus resultiert ein ökologischer (und häufig auch ästhetischer) Mehrwert. Dieser ökologische Mehrwert bildet die Existenzbasis des Menschen seit dem Neolithikum.

Aus der Naturlandschaft entstand unter den Händen des Menschen die (zunächst bäuerliche) Kulturlandschaft, aus den natürlichen (mehr oder minder selbstregulierenden) Ökosystemen entstanden weltweit die vom Menschen bestimmten (die anthropogenen) Ökosysteme. Die anthropogenen Agrarökosysteme sind es, und nur sie, die das Ertragsgut liefern, das tägliche Brot für Milliarden von Menschen. Anthropogene Ökosysteme bestimmen die Ökonomie und das Antlitz der Welt.

Die anthropogenen Ökosysteme, von denen wir leben, sind durch emergente Eigenschaften charakterisiert, die den natürlichen Ökosystemen abgehen. Sie sind zum Beispiel in aller Regel weit vom ökologischen Gleichgewicht oder vom Minimum der Entropieproduktion entfernt. Sie sind deshalb aus sich heraus ökologisch nicht stabil. Vielmehr bedürfen sie der steten Energiezufuhr und ständiger konstruktiver Eingriffe („Pflege"), sonst brechen sie zusammen. Nichts in der heutigen Welt reguliert sich von selbst zugunsten des Menschen. Die moderne Ökologie befaßt sich vorrangig mit den *anthropogenen* Ökosystemen, zumal in Europa, wo man naturnahe Ökosysteme allenfalls noch im Hochgebirge und nördlich des Polarkreises antrifft. Es geht in der Ökosystemforschung darum, die vom Menschen intuitiv durch „Versuch und Irrtum" geschaffenen anthropogenen Ökosysteme mit ihren emergenten Eigenschaften wissenschaftlich zu verstehen und als Lebensgrundlage zu erhalten.

Der sogenannte ‚ökologische Landbau' kann sich nicht auf ökologische Wissenschaft berufen. Weder die an anthroposophischen Kultformen orientierte biologisch-dynamische Wirtschaftsweise noch die von ideologischen Überzeugungen getriebene ‚Agrarwende' in der Politik seit 2002 halten einer wissenschaftlichen Prüfung stand. Die Loslösung der Agrarpolitik in Deutschland vom wissenschaftlichen Sachverstand bedeutet eine Abkehr von der politisch gebotenen realistischen Weltsicht in einem besonders sensitiven Sektor der Wirtschaft.

4.4 Das Leib/Seele-Problem

Bewußtsein ist eine emergente Eigenschaft, mit der wir innig vertraut sind. Die damit verbundene Innerlichkeit ist uns viel gegenwärtiger als jede äußere Realität. Als Biologen gehen wir (selbstverständlich?) davon aus, daß jedem Bewußtseinsakt ein neurophysiologischer Vorgang entspricht. Die meisten von uns gehen noch einen Schritt weiter: Bewußtsein, Seele, Geist werden als Funktion des Zentralnervensystems, insbesondere des Gehirns, aufgefaßt. Diese *Identitätstheorie* ist wohlbegründet. Zahllose Experimente und ‚kontrollierte Beobachtungen' haben gezeigt, wie eng in der Tat die Beziehungen zwischen Gehirn- und Bewußtseinsprozessen sind. Jedermann weiß, welch ungeheure Wirkung auf das Bewußtsein von einfachen Molekülen wie Alkohol, Narkotika, Psychopharmaka ausgehen kann. Die biochemische Therapie von Geisteskrankheiten, beispielsweise Schizophrenie, spricht ebenso für die Identitätstheorie wie die Erblichkeit geistig-seelischer Eigenschaften und Erkrankungen. Vermutlich ist Bewußtsein ein Korrelat hoher Systemkomplexität; allerdings besteht derzeit keine Klarheit darüber, ob die Zahl der Neuronen und ihr Vernetzungsgrad die mit dem Auftreten von Bewußtsein korrelierte ‚Struktur' hinreichend beschreiben.

Der Besitz eines subjektiven Bewusstseins hat komplexen Nervensystemen offenbar in der Bilanz einen evolutionären Vorteil verschafft. Wird das Bewusstsein nicht gebraucht, zum Beispiel im Tiefschlaf, so wird es abgeschaltet. Die Fortschritte der Neuro- und Kognitionswissenschaften werden eine neue Bewusstseinskultur hervorbringen und vermutlich unser immer noch cartesianisch geprägtes Menschenbild und unser Verhältnis zu den Tieren positiv umgestalten: Wenn sich ‚Bewußtsein' im Vollzug der Evolution graduell entwickelt hat, muß es in unterschiedlichem Maße auch Tieren zugestanden werden.

Wo liegt das Leib-Seele-Problem?

Wir sind als Biologen überzeugt von der faktisch unbezweifelbaren biologischen Natur des Menschen. Die Evolutionstheorie in Form der „Modern Synthesis", schließt den Menschen fraglos ein. Gleichzeitig aber machen wir Immanuel Kant das Zugeständnis, daß der Glaube an das moralische Gesetz in uns und an einen autonomen freien Willen eine notwendige Voraussetzung für sittliches Verhalten und damit für die Würde des Menschen sei. Wie lassen sich kausal bestimmte Leiblichkeit und autonomer freier Wille (‚Seele') in Einklang bringen? Es gibt keine geradlinige, intellektuell befriedigende Lösung für dieses uralte Dilemma: Die Dualisten konnten nie erklären, wie der immaterielle und also energielose Geist *kausal* das Gehirn beeinflussen soll. (Es gibt in der Wissenschaft keine Kausalität ohne Energieübertrag!) Die Monisten können sich Freiheit und Würde nicht bewahren. Das Leib-Seele-Problem bleibt als Aporie – als prinzipiell unlösbares Problem – in der Schwebe.

Mein Lehrer Erwin Bünning hat der Aporie in seinem Werk *Theoretische Grundfragen der Physiologie* eine prägnante Fassung gegeben. Er schreibt:

„Das Erleben der Freiheit ist für uns ... ebenso sehr mit der Überzeugung der Wahrheit verbunden wie die Erkenntnis der kausalen Ordnung. Jeder Versuch, die erlebte Freiheit mit der kausalen Ordnung gemeinsam einer Natur an sich zuzuschreiben, geht ins Leere. Ein solcher Versuch wird sowohl dann gemacht, wenn man zur Rettung der Freiheit Lücken in der Kausalität sucht, als auch dann, wenn man die Freiheit durch den Hinweis auf die Lückenlosigkeit der Kausalität ablehnt ... Der Versuch, Freiheit und kausale Notwendigkeit zu einem Naturbild zu vereinigen, ist vergebens. Wir müssen diesen Versuch, wenn wir Freiheit nicht als einen Irrtum preisgeben wollen, fallen lassen."

Das Leib-Seele-Problem, die unlösbare Aporie – davon war mein Lehrer Erwin Bünning überzeugt –, zeige uns die Grenzen, die unserem kognitiven Vermögen bei der Bewältigung der Emergenzen gesetzt seien. Wir seien noch imstande, die Aporie zu formulieren; wir seien aber nicht mehr in der Lage, die Aporie aufzulösen. Unser Gehirn versage letztlich bei der Reflexion über sich selbst ebenso wie bei starken Reduktionen in der Mikro- und Makrowelt. Es gebe offenbar Dimensionen der Wirklichkeit, die sich unserem rationalen Verständnis entziehen.

Über diese Sätze, die mich als Doktorand von Bünning seinerzeit geprägt haben, sind wir heute hinaus. Warum?

Es gibt keine Gründe mehr, die uns dazu zwingen, ‚Freiheit' und moralische Autonomie des Menschen – und damit die Würde des Menschen – von emergenten Eigenschaften abhängig zu machen, die das Weltbild der reduktionistischen Biologie transzendieren.

Das genauere Nachdenken über die Grundlagen der Hominisation, der Menschwerdung, hat uns neue argumentative Dimensionen eröffnet, die dem Naturalismus des 19. und frühen 20. Jahrhunderts nicht zugänglich waren. In aller Kürze:

- Das den Menschen bis in unsere Tage unzugängliche **Denken** der Freiheit wurde in der Hominidenevolution durch die Illusion eines freien Willens ersetzt, und zwar mit durchschlagendem Erfolg: Es kam bei der Menschwerdung nicht darauf an, dass wir den freien Willen denken können (damit ist Denken in Algorithmen gemeint), es kam für den Erfolg der Hominisation nur darauf an, dass der *Homo sapiens* an die emergente Eigenschaft eines freien Willens glaubte. Illusionen können offenbar dieselbe Wirkung entfalten wie reale Faktoren im Sinn des naturalistischen Weltbildes.
- Das kultivierte Zusammenleben der modernen Menschen braucht natürlich erst recht die Illusion moralischer Freiheit und Verantwortung. Das klassische naturalistische Weltbild hat für diese Illusion keinen Platz. Dies hat viele gescheite Leute irritiert und zu waghalsigen Deutungen veranlasst. Erst das quantenmechanische Konzept der Komplementarität und seine ontologische Interpretation im Kontext der Quanteninformation hat auch diese Denkbarriere beseitigt. Gedanken seien im Lichte der Quanteninformation so real wie Atome, so fassen Thomas und Brigitte Görnitz diese faszinierende Erweiterung unseres Weltbildes zusammen, in dem die Willensfreiheit den Status der Realität gewinnt. Der Fortschritt der Quantenphysik hat uns in einem originellen Erkenntnisakt jene moralische Autonomie zurückgegeben, auf die wir als Menschen angewiesen sind. Was hülfe uns durchdringendes reduktionistisches Forschen und Denken, wenn wir nicht mehr entscheiden könnten, was gut ist oder wenn wir keine Antwort mehr fänden auf die Frage nach der selbst bestimmten, richtigen Führung unseren Lebens. Wir sind heute – bei aller Skepsis gegenüber einer Überstrapazierung der Quanteninformation – in einer glücklichen Lage: Wir brauchen als Naturalisten keinen Angriff mehr auf das tradierte Menschenbild zu führen; es geht den Wissenschaftlern nicht mehr um die Entzauberung des freien Willens. Es geht jetzt vielmehr darum, uns und unsere Mitmenschen da-

von zu überzeugen, dass unser legitimes Bedürfnis nach einem freien Willen mit dem naturalistischen Weltbild von heute in Einklang zu bringen ist.

4.5 Das naturalistische Weltbild – eine Zusammenfassung

In einem naturalistischen Weltbild wird man versuchen, den metaphysischen Anteil möglichst klein zu halten. Ganz beseitigen kann man ihn wohl nicht. Wie dem auch sei:

Der philosophische Naturalismus bildet die Grundlage der Naturwissenschaften. Er geht davon aus, dass die Natur ohne das Zutun übernatürlicher Faktoren oder transzendenter Kräfte erklärt werden kann. Antinaturalistische Prinzipien, z.B. Götter oder idealistische platonische Erklärungselemente, sind in den Erfahrungswissenschaften aus guten Gründen nicht zulässig. Dies gilt auch für die Erklärung von Bewusstsein und Geist. Baruch Spinoza hat seine Vision eines dualistischen Monismus bereits um 1677 in seiner Ethik treffsicher zum Ausdruck gebracht: „... daß der Geist und der Körper ... ein und dasselbe Individuum sind, welches bald unter dem Attribut des Denkens, bald unter dem der Ausdehnung begriffen wird." Zitiert nach: Ulrich, G. (2006) Das epistemologische Problem in den Lebens- und Neurowissenschaften. In: Wissenschaftler und Verantwortung 15, Sonderheft, S. 46–56.

In der von Th. und B. Görnitz trefflich skizzierten geistigen Gegenwart wirkt die klassische Grenzziehung zwischen Natur- und Geisteswissenschaften (Kapitel 3.3) vollends kleinlich und obsolet. Diese Grenze ist aus der Sicht eines wissenschaftlich geschulten Philosophen hinfällig.

Vielleicht auch deshalb interessieren sich gegenwärtig immer mehr Naturwissenschaftler für die Weltsicht des Buddhismus: Im Weltbild der Buddhisten durchdringen sich Geist und Materie.

Weiterführende Literatur zu 4

Damasio, A. R. (2002) Wie das Gehirn Geist erzeugt. Spektrum der Wissenschaft, Dossier 2/2002, 36–41

Görnitz, Th., Görnitz, B. (2002) Der kreative Kosmos. Geist und Materie aus Information. Spektrum Akademischer Verlag, Heidelberg

Hempel, C. G. (1974) Philosophie der Naturwissenschaften. Piper, München

Hull, D. (1974) Philosophy of Biological Science. Prentice-Hall, Englewood Cliffs

Krüger, L. (Hrsg.) (1970) Erkenntnisprobleme der Naturwissenschaften. Kiepenheuer & Witsch, Köln

Mayr, E. (2002) Die Autonomie der Biologie. Naturwiss. Rundschau 55, 23–29

Mohr, H. (1981) Biologische Erkenntnis. Teubner, Stuttgart

Mohr, H. (1999) Wissen – Prinzip und Ressource. Kapitel 3.8: Reduktion der Biologie auf Materiewissenschaften. Springer, Heidelberg

Singer, W. (2002) Bewusstsein und freier Wille. Spektrum der Wissenschaft, Dossier 2/2002, 42–45

Stent, G. S. (2002) Paradoxes of free will. American Philosophical Society, Philadelphia

Wegner, D. M. (2002) The Illusion of conscious will. MIT Press, Cambridge

5 Wissen als Ressource

5.1 Wissenskapital

Zu den klassischen Produktionsfaktoren Boden, Kapital und Arbeit ist das Wissen hinzugekommen (→ Kapitel 1). Zwar spielten technologisches und organisatorisches Wissen schon immer eine wesentliche Rolle in der Wirtschaft, doch jetzt wird das Wissen zum *dominierenden* Produktionsfaktor. In der Tat: Es ist das neue technische und organisatorische Wissen, das uns jene gewaltige Steigerung der Produktivität gebracht hat, auf die unser Wohlstand gebaut ist. Man spricht deshalb mit Recht von Wissenskapital.

Wissenskapital ist das nicht an Personen gebundene, ökonomisch relevante Wissen. Beim Wissenskapital unterscheiden wir zwischen *rivalem* Wissen (durch Barrieren – zum Beispiel ein Publikationsverbot – beschränkt auf bestimmte Teilmengen der ökonomischen Akteure) und *nicht-rivalem* Wissen (im Prinzip verfügbar für alle ökonomischen Akteure). Wissenskapital als Produktionsfaktor hat die besondere Eigenschaft, daß es nicht verbraucht wird und daß es gleichzeitig von verschiedenen Akteuren genutzt werden kann.

Die These, daß dem Wissenskapital als Produktionsfaktor eine wachsende Bedeutung zukomme, ist unter den führenden Ökonomen unbestritten. Die neue Wachstumstheorie betont den Umstand, daß weite Bereiche des Wissens wie ein quasi-öffentliches Gut allen Wirtschaftssubjekten im Prinzip zugänglich sind. Das naturwissenschaftliche und technologische Wissen wird ja zu einem großen Teil publiziert und hat damit den Status nicht-rivalen Wissens. Es ist ein quasi-öffentliches Gut, das von vielen Akteuren gleichzeitig genutzt werden kann, auch international. Zwar genießen wissensgebundene schöpferische Tätigkeiten (Innovationen, Inventionen) durch Urheber- und Patentrechte einen beschränkten Schutz auf Zeit; aber diese Schutzzonen betreffen nur Teile des rivalen Wissens.

Im Fall von nicht-rivalem Wissen kann der Produzent des Wissens nicht damit rechnen, daß er sich dessen ökonomische Erträge voll aneignen kann, da die Nutzung des Wissens durch den Produzenten des Wissens die Nutzungsmöglichkeiten durch andere Anwender nicht einschränkt. Es liegt deshalb nicht im Interesse privatwirtschaftlicher Forschung und Entwicklung, das nicht-rivale Wissen zu mehren. Dies führt, so die Theorie, dazu, daß die privaten Produzenten des nicht-rivalen Wissens ihre Anstrengungen auf einem Niveau betreiben, das unterhalb des gesamtwirtschaftlich optimalen Pegels liegt.

Der Staat muß deshalb mit Subventionen eingreifen, um Forschung und Entwicklung auf ein optimales Niveau anzuheben. Staatlich gesetzte Rahmenbedingungen – Forschungspolitik, Infrastruktur, Humankapital – sind in der Tat für die Bildung von Wissenskapital entscheidend wichtig.

Der Staat sollte aber nicht versuchen, direkt und richtungsweisend in die Forschungs- und Innovationsprozesse einzugreifen, sondern seine Aktivitäten auf die Moderation und Koordination der Forschungs- und Entwicklungsanstrengungen von Firmen, Universitäten und sonstigen Forschungseinrichtungen beschränken.

Die *Nutzung* des Wissenskapitals ist weltweit ein neuralgischer Punkt. Human- und Sozialkapital kommen hier ins Spiel. *Humankapital* ist das in ausgebildeten und lernfähigen Individuen repräsentierte Leistungspotential einer Bevölkerung. Bildungsausgaben, die zu Humankapital führen, haben investiven Charakter. Wissen und Können bilden nicht nur die Grundlagen für die individuellen Lebenschancen, auch das Gemeinwesen profitiert ganz handfest von diesen Investitionen: Die direkten und indirekten Steuern der gut Ausgebildeten und beruflich Erfolgreichen gewährleisten die Funktionen des Staates.

Sozialkapital manifestiert sich in intakten zwischenmenschlichen und gesellschaftlichen Beziehungen und in den damit verbundenen Normen und Sanktionen. In der Regel bilden nicht äußere Zwänge, sondern bewährte soziale Strukturen, Traditionen und Moralen die Basis für das menschliche Zusammenleben.

Zwischen Human-, Wissens- und Sozialkapital bestehen enge Wechselwirkungen: Die Nutzung des Wissenskapitals setzt entsprechendes Humankapital voraus; die Bildung von Humankapital ist auf intaktes Sozialkapital angewiesen; der wissensgetriebene Strukturwandel führt zwangsläufig zu Änderungen des Sozialkapitals.

Nicht-rivales Wissenskapital ist im Prizip weltweit verfügbar. Die Unterschiede zwischen den ökonomischen „Standorten" sind deshalb ganz wesentlich in Unterschieden des Human- und Sozialkapitals begründet. Aber in zunehmendem Maße kommt auch das unterschiedliche Orientierungswissen ins Spiel. Funktionale Tugenden wie Fleiß, Wagemut, Leistungsorientierung, Disziplin und Verläßlichkeit entscheiden immer mehr über die Stärke einer Industriekultur. Wir dürfen deshalb unser Orientierungswissen nicht vernachlässigen. Sonst werden wir auch technologisch im Wettlauf der Nationen versagen (Kapitel 1.2).

5.2 Wissensmanagement

Die Beobachtung der Natur und des Menschen und das daraus resultierende pragmatische Wissen waren die Voraussetzung für die Innovationen und Konstruktionen der agrarischen Zivilisationen. Es war ein vergleichsweise einfaches Wissen, weder umfassend, noch kohärent oder konsistent.

Die Epoche der agrarischen Zivilisationen erstreckte sich über etwa 5000 Jahre. Dann kam die große Transformation: Die auf positive Wissenschaft und Technologie gegründete Transformation des agrikulturellen Systems, die wir gewöhnlich als Industrialisierung oder Modernisierung bezeichnen.

Heute leben wir in einer Wissensgesellschaft. Wissen ist zum wichtigsten Produktionsfaktor geworden. In die traditionell stabile Trias aus Arbeit, Kapital und pragmatischem Wissen ist das wissenschaftlich-technologische Wissen eingebrochen. Die Arbeitskraft des Menschen wird auf breiter Front zugunsten des technologischen Wissens zurückgedrängt. Dies gilt für alle standardisierbaren Tätigkeiten. Für den Menschen bleibt der kreative Bereich – Forschung, Entwicklung, Innovation, Konstruktion – und das weite Feld der nicht-standardisierbaren Dienstleistungen.

Der mit der Dominanz des Wissens verbundene Strukturwandel gibt dem Verteilungsproblem – Arbeit, Einkommen, Ansehen – eine neue Dimension. Der Strukturwandel verlangt aber auch neue Qualifikationen und eine bislang ungewohnte geistige Mobilität. Lernen, lebenslanges Lernen, bezieht sich nicht nur auf das kulturtechnische Können, sondern ebenso auf die Modifikation unseres Verhaltens aufgrund von neuem Wissen. Hier stellt sich die Frage: Sind wir überhaupt dazu fähig, ständig zu lernen? Beherrschen wir als Individuen und als Kollektiv den Umgang mit immer neuem Wissen?

Vor diesem Hintergrund gewinnt das Thema ‚Wissensmanagement' seine besondere Bedeutung.

Wissensmanagement ist eine systematische Methode, vorhandenes Wissen zu ordnen und zu nutzen. Den Hintergrund bildet die Frage, wie effizient eine Gesellschaft mit Wissen umgeht, das in Herstellung und Transfer ein teures und begrenztes Gut darstellt. Ich unterscheide im folgenden zwischen dem Wissensmanagement in Institutionen und dem individuellen Wissensmanagement.

In der Wirtschaft gilt das Wissensmanagement als ein entscheidender Schritt hin zum intelligenten Unternehmen. In der Tat: Enorme Potentiale gehen verloren, wenn Wissen, das in den Köpfen qualifizierter Mitarbeiter oder in Archiven vorhanden ist, nicht aufgearbeitet, verdichtet, kommuniziert und genutzt wird. Experten gehen davon aus, daß die Mehrzahl der Unternehmen nur einen Bruchteil ihres potentiell verfügbaren Wissen überhaupt kennt. „Wenn Siemens wüßte, was Siemens weiß ...". Als Gründe werden genannt: Fehlende Methoden für die Identifizierung und Aufbereitung von individuellem Expertenwissen; fehlende Strukturen für dessen Transfer in unternehmensweit verfügbares Wissen; Schwierigkeiten bei dem Bemühen, ‚wichtiges Wissen' vom ‚Wissensmüll' zu trennen.

Eine neue wissenschaftliche Disziplin (data mining) bemüht sich um praktikable Methoden, um aus unstrukturierten Datenbergen Informationen und schließlich Wissen zu gewinnen. Data mining ist im Marketing bereits zu einem wichtigen Faktor geworden: Jede elektronische Transaktion hinterläßt eine Spur, die aufgezeichnet wird. Aus der Analyse dieser Transaktionen läßt sich ein Nutzerprofil entwickeln, aus dem die Handlungsweisen und Vorlieben der Kunden herausgefiltert werden.

Besondere Schwierigkeiten bereitet die soziale (oder besser gesagt, die verhaltensbiologische) Dimension. Viele Unternehmen (und ihre Berater) haben schmerzlich lernen müssen, daß ihre Mitarbeiter nicht ohne weiteres bereit waren, ihr Wissen mit anderen zu teilen. Es sind gerade die Erfolgreichen, die sich nur schwer in das Wissensmanagement des ganzen Unternehmens integrieren lassen. Eine gewachsene, quasi natürliche Kommunikationskultur dürfte die wichtigste Voraussetzung dafür sein, daß die Firmen ihre Wissensressourcen wirklich nutzen können. Bei der sozialen Interaktion, die wir Kommunikation nennen, spielt die ‚Natur des Menschen' eine weit bedeutendere Rolle als die neuerdings angebotenen Strategielehren. Das Wissen der Verhaltensbiologie sollte in das betriebliche Wissensmanagement verstärkt Eingang finden.

Viel zu oft, so kann man beobachten, statten sich Unternehmen mit neuester Technik aus, und stellen dann fest, daß Kultur und Verhalten der Mitarbeiter sich in aller Regel nur langsam ändern. Die Unternehmensberatung Andersen Consulting berichtete kürzlich von einem amerikanischen Unternehmen, das Millionen von Dollar investierte, um ein Intranet auf den neuesten Stand der Technik zu bringen. Ziel war natürlich, das gemeinsame Wissen im Unternehmen zu verbessern und entsprechende Innovations- und Synergieeffekte auszulösen. Am Ende der Testphase wurde festgestellt, daß die Mitarbeiter die neue Technik vor allem nutzten, um täglich den Speiseplan der Kantine abzurufen. Im Tagesgeschäft wurde das Intranet kaum angewendet.

Der betriebswirtschaftliche Umgang mit dem Wissenskapital, sein Transfer in Finanzkapital etwa im Rahmen von Geschäftsberichten, ist erfahrungsgemäß schwierig. In der Regel wissen die Firmen nicht, wie reich an immateriellen Vermögenswerten sie tatsächlich sind. Genau das wäre aber wichtig, um die Differenz von Marktwert und Buchwert zu erklären.

Zum Wissensmanagement zählen wir auch jene Verfahren und Strategien, die der *Konservierung* des Wissens dienen. Auch Organisationen sind ständig durch Wissensverluste bedroht und gezwungen, sich dagegen abzusichern. Das Problem ist natürlich nicht neu. Einmal erworbenes Wissen zu bewahren, ist von Anfang an ein wesentliches Anliegen des kultivierten *Homo sapiens* gewesen. Die mündliche Überlieferung war notorisch unzuverlässig und brüchig. Die Erfindung von Schriftzeichen und Zahlensymbolen, der Buchdruck und schließlich die modernen elektronischen Medien bedeuteten einen ungeheuren Fortschritt in dem Bemühen, die Zuverlässigkeit der Wissensüberlieferung zu steigern und dem kollektiven Vergessen entgegenzuwirken. Ein besonderes Problem bildet seit jeher die Instabilität der materiellen Träger von Daten, Information und Wissen. Die Sumerer wußten natürlich, daß die „Keilschrift auf dem Ziegelstein" dem Zerfall preisgegeben war. Uns ist bewußt, daß Bücher schließlich zerfallen und daß die bits auf den modernen Speichersystemen der ‚Alterung' nicht entgehen werden. Die Langzeitarchivierung elektronischer Publikationen ist in der Tat ein Kardinalproblem, das noch nicht gelöst ist. Es gibt bereits die ersten großen Datensammlungen, die nicht mehr lesbar sind, weil eine rasante Fortentwicklung der Informationstechnologie die seinerzeit genutzte technische Plattform hinter sich gelassen hat.

Die Langzeitarchivierung ist nicht nur ein technisches und betriebswirtschaftliches Problem; es geht auch um kulturelle Entscheidungen, die irgendwer treffen muß. Was man wissen muß, ist natürlich zeit- und kontexabhängig. Die Wissensspeicher sollten so gestaltet werden, sagen uns die Archivare, daß die ‚wichtige' Information der Nachwelt erhalten bleibt. Aber welche Information ist wichtig?

Was möchte eine Kultur bewußt tradieren und was gibt sie dem Vergessen anheim? Beim *wissenschaftlichen* Wissen erscheint die Entscheidung unproblematisch – kein Physikstudent lernt heute noch die Physik des Aristoteles. Prinzipiell *umstritten* hingegen ist die Entscheidung beim philosophischen, geschichtlichen oder literarischen Wissen. Was ist hier wirklich wichtig?

Eine andere dringliche Aufgabe ist die vernünftige, die Belange der *Wissenschaft* respektierende Kontrolle des Internet. Das Problem liegt darin, daß die Seriosität des wissenschaftlichen Publikationswesens durch das Internet in Frage gestellt wird. Im Gegensatz zu einer Veröffentlichung in einer wissenschaftlichen Fachzeitschrift unterliegt die Internet-Publikation keinem peer-review Kontrollsystem. Die ‚Wissenschaftlichkeit' oder ‚Richtigkeit' einer sich als ‚wissenschaftlich' ausgebenden Website genügt daher nicht notwendigerweise den üblichen Ansprüchen. Als Forderung ausgedrückt: Im Internet sollten keine als ‚wissenschaftlich' deklarierte Einträge erscheinen, bei denen keine links benannt werden, die auf ‚peer-reviewed articles' verweisen. Wir müssen sonst damit rechnen, dass „science on the web" zur Karikatur seriöser Wissenschaft verkommt.

Mein letzter Hinweis betrifft das *individuelle* Wissensmanagement. Auf diesem Niveau haben wir alle unsere Schwierigkeiten. Während für die betrieblich/institutionelle Ebene – trotz aller psychologischen Schwierigkeiten – erprobte Strategien für das Wissensmanagement verfügbar sind, gibt es für das individuelle Wissensmanagement zwar Erfahrungsgrundsätze, aber es gibt kein generalisierbares Modell. Jeder hat, wie in früheren Zeiten, seinen eigenen – jetzt elektronischen – Zettelkasten, den man heutzutage ‚Datenbank' nennt. Korrekt geführte hauseigene Datenbanken in Arztpraxen und Apotheken sind zweifellos ein Fortschritt, aber auch hier gilt – wie beim Internet -, dass die schiere Datenbank natürlich nicht besser sein kann als die Ausgangsinformation, es sei denn, man betreibt den Aufwand der Datenbewertung, z. B. in Form einer Metaanalyse. Davon halte ich sehr viel. Allerdings ist eine Metaanalyse aufwendig.

Im Prinzip geht es um eine quantitative Bewertung der Vertrauenswürdigkeit einer wissenschaftlichen Aussage über eine vergleichende Evaluierung aller relevanten Studien. Natürlich kann eine statistische Technik keine schlechte Forschung korrigieren, aber sie kann den Einfluß schlechter Forschung auf die Schlußfolgerungen eliminieren oder zumindest dämpfen und die Ergebnisse der verläßlichen Studien in den Vordergrund rücken.

Alles in allem haben die Schwierigkeiten für den einzelnen, ‚wichtiges Wissen' von ‚Wissensmüll' zu trennen und anzuwenden, eher zugenommen. Dies gilt besonders für die Medizin. Aber wir sind im Prinzip auf dem richtigen Weg: Der neuerdings vorgestellte ‚Wissensserver' zum Beispiel kann für den kundigen Arzt zu einer wunderbaren Hilfe werden. Es handelt sich um ein nutzerfreundliches Computersystem, mit dem sich ein Teil des medizinischen Wissenskörpers rund um die Uhr in kompakter und direkt verwertbarer Form abrufen läßt. Auch die verschiedenen Formen der Telemedizin bedeuten einen Fortschritt im individuellen Wissensmanagement und in der Qualität der Patientenbehandlung. Wichtige Anwendungsbereiche für die Telemedizin sind die Telepathologie und die medizinische Radiologie. Hier gibt es seit Jahren Bestrebungen, das ständig wachsende Wissen anhand von digitalen Recherchesystemen verfügbar zu machen und gleichzeitig durch moderne Lehrsysteme an die Fachärzte zu vermitteln. Über die „Fallsammlung Radiologie“ können heute bereits radiologische Kasuistiken der unterschiedlichen Erkrankungen recherchiert werden, ähnlich wie bei der Literaturrecherche. Das technisch schwierige Problem der Bilddatenbanken – eine besondere Herausforderung für die Experten – kann auf diesem Feld mittlerweile als gelöst betrachtet werden.

Ein anderes wichtiges Element der Telemedizin ist die elektronische Krankenakte. Da sie ständig zur Verfügung steht, werden z.B. kostspielige und belastende Mehrfachuntersuchungen vermieden. Bei der Telekonsultation erörtern Spezialisten aus aller Welt über Computer die Behandlung eines Patienten. Mit dem Telemonitoring werden chronisch kranke Patienten zu Hause statt in der Klinik überwacht, u.s.w.

Natürlich kann auch das klinische Wissensmanagement den Erwartungen nur dann gerecht werden, wenn es sich am bestmöglichen Standard orientiert. Das in der Industrie gebräuchliche Benchmarking soll, so höre ich immer wieder, auch im Gesundheitswesen Einzug halten. Man versteht darunter den kontinuierlichen Vergleich von Handlungsabläufen, Produkten und Dienstleistungen mehrerer Anbieter. Daraus sollen Konsequenzen und Strategien für die Verbesserung des eigenen Angebots abgeleitet werden. Einige meiner Kollegen glauben, daß wir in Deutschland auch auf diesem Feld weit zurückliegen. Ich möchte mich nicht daran beteiligen, das deutsche Gesundheitswesen zu kritisieren, aber ich möchte in diesem Zusammenhang doch folgendes zu bedenken geben:

Das biomedizinische Wissen nimmt rapide zu. Ohne neue Hilfsmittel, mit denen es zielsicher aufgearbeitet, ausgewertet und eingesetzt werden kann, ist der immense Wissenszuwachs für die Behandlung von Patienten weitgehend wertlos. Dies gilt besonders für die Geriatrie, ein Feld, das auf Telemedizin nicht wird verzichten können. In Japan z. B. gewinnt die geriatrische Telemedizin rasch an Bedeutung. An Gründen wurden mir genannt: Die rapide Alterung der Gesellschaft, das zunehmende Gewicht der häuslichen Pflege sowie der unabweisbare Zwang, die Kosten im Gesundheitswesen einzudämmen. Hinzu kommt aber auch der Umstand, daß ISDN-Leitungen heute bereits in Japan überall vorhanden sind. Ein besseres Gesundheitssystem – leistungsfähiger und kostengünstiger – wird es in Zukunft auch bei uns nur dann geben, wenn wir uns pragmatisch dem Zeitgeist stellen und ein angemessenes Wissensmanagement aufbauen.

5.3 Neue Netzwerke

Der mit der Dominanz des Wissens verbundene Strukturwandel gibt dem Kommunikations- und Partizipationsproblem eine neue Dimension. Hier sind neue Netzwerke und ihr Management gefragt. Der Strukturwandel verlangt aber auch neue Qualifikationen und eine bislang ungewohnte geistige Mobilität. Lernen, lebenslanges Lernen, bezieht sich – wie gesagt – nicht nur auf das kulturtechnische Können, sondern ebenso auf die Modifikation unseres Verhaltens aufgrund von neuem Wissen. Und hier stellt sich die Kardinalfrage: In welchem Maße sind wir überhaupt dazu fähig, ständig zu lernen? Beherrschen wir als Individuen und als Kollektiv den Umgang mit immer neuem Wissen? Welche Netze können (und wollen) wir (noch) verkraften? Das Zusammenwachsen von Computer- und Biotechnologie lässt zum Beispiel derzeit eine neue Naturwissenschaft entstehen. Man rechnet unter Fachleuten damit, dass von weltweit vernetzten Laborcomputern, die Experimente automatisch auswerten und neue konzipieren, starke Impulse ausgehen werden, insbesondere für die Multicenter-Studien und Metaanalysen in der Medizin. Aber sind wir derzeit in der Lage, solche Netze mit gleicher Qualität der Komponenten weltweit zu etablieren? Natürlich nicht! Diese neuen Wissenschaften werden die technologisch kompetenten Regionen der Welt immer enger vernetzen und die Distanz zu den Schwellen- und Entwicklungsländern vergrössern. Daran stoßen sich nicht nur die naiven Gegner der Globalisierung, sondern auch die post-modernen philosophischen Kritiker der technologischen Entwicklung.

Auch die Entwicklung von ‚Netspeak' wird von manchen konservativen Feuilletonisten als bedrohlich empfunden. Das Internet hat in der Tat eine neue Sprache hervorgebracht – Netspeak – mit einem eigenen Vokabular und eigenen kommunikativen Konventionen wie informeller Stil und direkte Diskursformen, die junge Menschen weltweit begeistern.

Netspeak signalisiert darüber hinaus eine Abwendung von der Schriftsprache und eine Rückkehr zum Gespräch als vorherrschende Kommunikationsform. Manche Sachkenner begrüßen diese Entwicklung: "The arrival of Netspeak is showing us *homo loquens* at its best." (David Crystal in *Language and the Internet*)

Als Wissenschaftler und Ingenieure verspüren wir einen Rechtfertigungsdruck, den wir täglich selbst verstärken. Es ist der wissenschaftlich-technologische Fortschritt selbst, der die postmoderne Skepsis in den Feuilletons befördert, weil er sich nicht mehr zu vermitteln weiß. Wissensnetze sind unentbehrliche Hilfsmittel, wenn es darum geht, den Fortschritt zu meistern, aber sie erklären und begründen sich nicht selber. Vielen Menschen erscheinen die Projekte in erster Linie technologiegetrieben, nicht durch humane Bedürfnisse begründet. Wissenschaft muß sich und ihre Produkte den Menschen ausdrücklich erklären und rechtfertigen. Das kann uns niemand abnehmen.

Weiterführende Literatur zu 5

Clar, G., Doré, J., Mohr, H. (1997) Humankapital und Wissen. Springer, Heidelberg
Dearing, A. (2007) Enabling Europe to innovate. Science *315*, 344–347
Huntington, S. P. (1996) Kampf der Kulturen. Europaverlag, München
Landes, D. (1999) Wohlstand und Armut der Nationen. Warum die einen reich und die anderen arm sind. Siedler, München
Mohr, H. (1999) Wissen – Prinzip und Ressource. Springer, Heidelberg
Mohr, H. (2000) Wissensmanagement. Wissenschaft und Verantwortung *9*, Nr. 2, 46–51

6

Verantwortung in der Wissenschaft

6.1 Das Ethos der Wissenschaft

Forschung nennt man jenen Prozess, der Wissen schafft. Der Gegenstand wissenschaftlicher Forschung kann sowohl die Natur als auch die Kultur sein. Auch die Strukturforschung – etwa in Form von Mathematik oder Logik – rechnen wir zur Wissenschaft.

Ziel der Forschung ist objektives, d.h. intersubjektiv und tatsächlich gültiges Wissen; Wissen, auf das ich mich beim theoretischen Argument und beim praktischen Handeln verlassen kann. Dieses gesicherte Wissen nennt man ‚Erkenntnis' oder – wenn uns das Wahrheitspathos übermannt, ‚wissenschaftliche Wahrheit'. Ich spreche lieber vom ‚gesicherten Wissen' oder von ‚wissenschaftlicher Erkenntnis'.

Die Bedeutung des Wissens ist unbestritten. Wissenschaftliche Erkenntnis und darauf aufbauende technologische Innovation bilden die Grundlage unserer Kultur und unseres Lebens. Dazu gibt es keine Alternative. Für 6 oder 8 Milliarden Menschen gibt es kein Zurück in eine vorwissenschaftliche Welt, auch kein Zurück in eine vorwissenschaftliche Geisteshaltung.

Um so wichtiger stellt sich die Frage: Wie entsteht Erkenntnis? Wie kommt man zu gesichertem Wissen? Wie zuverlässig funktioniert das Unternehmen Wissenschaft? Wissenschaftliche Forschung ist die systematische, also disziplinierte und an Methoden und Institutionen gebundene Suche nach Erkenntnis. Die wissenschaftliche Methode lernt der Novize nicht nur durch theoretische Belehrung, sondern vor allem dadurch, dass er beispielhafte Forschung mit- und nachvollzieht. Der Kern meines Physikstudiums z.B. war das physikalische Großpraktikum. Die Bestimmung der Dissoziations-Energie für das J_2-Molekül war mein erstes Forschungserlebnis. Die zur Forschung gehörigen moralischen Regeln, das wissenschaftliche Ethos, lernt der Novize informell, falls das Vertrauen in die Kompetenz und Integrität der akademischen Lehrer gewährleistet ist. Alle Erfahrung aus der Forschung zeigt, dass das Vorbild, das Rollenmodell, als Schlüsselfaktor durch keine formalisierte Unterweisung zu ersetzen ist.

Was macht den Forscher aus? Es sind zwei Momente:

- das Vertrautsein mit der wissenschaftlichen Methode und
- die Loyalität gegenüber dem wissenschaftlichen Ethos

Bevor ich näher darauf komme, eine Zwischenfrage: Warum entschließen sich Menschen dazu, Forscher zu werden? Es gibt tatsächlich, auch wenn es gelegentlich überbetont wird, das ‚wissenschaftliche Interesse', das kultivierte Interesse an der Natur und an ihren Gesetzen. Es gibt die mächtige, einsame Freude an der gescheiten Idee und am gelungenen Experiment. Es gibt das unbeschreibliche Glücksgefühl, das einen Menschen überkommen kann, wenn er eine Entdeckung macht, also einen bedeutsamen Zusammenhang sieht, den noch keiner gesehen hat. Albert Einstein hat über seine Motivation einmal geschrieben:

„Was mich zu meiner wissenschaftlichen Arbeit motiviert, ist kein anderes Gefühl als das unwiderstehliche Verlangen, die Geheimnisse der Natur zu verstehen. Meine Liebe zur Gerechtigkeit und mein Streben, einen Beitrag zur Verbesserung der menschlichen Lebensbedingungen zu leisten, sind völlig unabhängig von meinen wissenschaftlichen Interessen."

Dies gilt sicher nicht allgemein. Es gibt derzeit viele junge Wissenschaftler, die glaubhaft versichern, dass sie sich zur Wissenschaft deshalb entschlossen haben, weil sie einen Beitrag zur Verbesserung der menschlichen Lebensbedingungen leisten möchten. So verschiedenartig die Motivation der Wissenschaftler auch sein mag, in einem sind sie sich alle gleich: Sie sind ehrgeizig, sie wünschen Anerkennung durch das jeweils zuständige Kollektiv, durch ihre Scientific Community. Anerkennung bedeutet Bestätigung durch die kompetenten Kollegen, dass die eigene Arbeit gut gemacht und wichtig ist für das Fortschreiten der Wissenschaft. Der Wunsch nach Anerkennung, die Bedeutung des Erfolgserlebnisses ist bei den Großen in der Wissenschaft ebenso ausgeprägt wie beim Fußvolk. Bertrand Russell, einer der mächtigsten Geistesheroen des 20. Jahrhunderts, schrieb noch 1967: „Ich kann keine harte Denkarbeit leisten aus reinem Pflichtgefühl heraus. Ich brauche offensichtliche Erfolge von Zeit zu Zeit, sonst fehlt mir der Antrieb." Wird die Anerkennung verweigert oder bleibt sie hinter der Erwartung zurück, so kommt es nicht selten zu bösen Reaktionen. Streitigkeiten, manchmal wilde und unerbittliche Kämpfe um Priorität und Anerkennung, durchziehen die Geschichte der Wissenschaft. Wir können aus zahllosen Fallstudien lernen, dass die Idee falsch ist, Forscher würden ausschließlich von dem Wunsch getrieben, als anonyme Mitglieder einer Scientific Community zum Erkenntnisprogreß beizutragen. Was sie in Wirklichkeit zu Höchstleistungen treibt, ist Ehrgeiz, der Wunsch nach Anerkennung, die Sehnsucht nach wissenschaftlichem Ruhm. Dies ist eine großartige Sache! Es hat mich immer fasziniert, dass das Ringen um Anerkennung, das zur menschlichen Natur gehört, von der Scientific Community durch die Verfeinerung des wissenschaftlichen Ethos derart kultiviert wurde, dass Erkenntnis, das wertvollste Gut der kulturellen Evolution neben Kunst und Recht, entstehen konnte.

Was meint man mit wissenschaftlichem Ethos? Welche Rolle spielt die Moral der Wissenschaftler im Prozess der Forschung? Das wissenschaftliche Ethos lässt sich als ein Kodex von Verhaltensregeln beschreiben, dem sich der Wissenschaftler unterwirft, wenn er sich das Ziel gesetzt hat, Erkenntnis zu gewinnen. Der Wissenschaftler muß nur *eine* Vorentscheidung treffen: Er muß Erkenntnis (gesichertes Wissen) als superioren Wert respektieren. So er dies tut, unterwirft er sein weiteres Handeln einem bestimmten Verhaltenskodex, dem wissenschaftlichen Ethos. Die strikte Befolgung der Regeln des wissenschaftlichen Ethos ist, wie der erfahrene Wissenschaftler genau weiß, die Voraussetzung dafür, daß er sein Ziel, nämlich Erkenntnis, auch tatsächlich erreicht. Die alte Faustregel lautet: Ich muß mich darauf verlassen können, daß der andere korrekt arbeitet und mir die Wahrheit sagt, sowie ich bereit bin, korrekt zu arbeiten und unbeirrt von äußeren Rücksichten die Wahrheit zu suchen und zu bekennen.

Das wissenschaftliche Ethos wird in der Praxis straff gehandhabt. Die Sanktionen sind streng. Wer beispielsweise gegen das Gebot der intellektuellen Redlichkeit verstößt, fälscht, betrügt, lügt oder (schwere) Fehler macht, verliert seine Vertrauenswürdigkeit und damit seinen Status als Wissenschaftler. Auch wenn der Betreffende seinen Arbeitsplatz behält, so verliert er doch die Achtung und das Vertrauen seiner Kollegen und scheidet damit aus der Scientific Community aus. Das wissenschaftliche Ethos sichert somit die Zuverlässigkeit der wissenschaftlichen Aussagen.

Natürlich tun wir uns alle mit dem wissenschaftlichen Ethos schwer, jeder von uns hat sein Sündenregister. Wer von uns kann behaupten, er habe nie einen vermeidbaren Fehler gemacht, im Labor oder am Schreibtisch, oder im theoretischen Disput nie opportunistisch agiert? Aber glücklicherweise gilt auch für das wissenschaftliche Ethos die Regel, daß ein Ethos, eine Moral, dann funktioniert, wenn ein hinreichend großer Prozentsatz einer Community, unbeirrt vom (gelegentlichen) eigenen Versagen, daran festhält.

Einen schwierigen Part spielt, wie bei jeder moralischen Anklage, der whistle blower, also derjenige, der Verstöße gegen das wissenschaftliche Ethos aufdeckt und öffentlich macht. Einerseits darf nichts vertuscht werden – die Wissenschaft lebt davon, daß nicht betrogen und nichts unter den Teppich gekehrt wird –; andererseits – so weiß man – gibt es viele Gründe dafür, einen Kollegen zu beschuldigen, und nicht alle sind ehrenhaft.

Der whistle blower trägt eine immense Verantwortung, denn nichts ist so irreversibel im Netzwerk der Scientific Communities wie eine Beschuldigung in Sachen wissenschaftlicher Moral: Semper aliquid haeret.

Ich habe in meiner langen Laufbahn in der Wissenschaft einige Kollegen erlebt, die an falschen Anschuldigungen zerbrochen sind.

Kehren wir zurück zur Wissenschaft als Institution.

Wertfreiheit der Wissenschaft?

Es wird immer wieder die These vorgebracht, Wissenschaft habe wertfrei zu sein. Gemeint ist damit, daß die Resultate der Forschung nicht von außerwissenschaftlichen Faktoren, z.B. religiösen Dogmen oder politischer Doktrin, beeinflußt oder gar bestimmt werden dürfen. Natürlich ist dieses Postulat berechtigt und sogar unabdingbar. Manche verbinden mit ‚Wertfreiheit der Wissenschaft' auch das Gebot, der Wissenschaftler dürfe nicht vom ‚Sein' auf das ‚Sollen' schließen; es dürften aus Sachaussagen keine moralischen Aussagen werden. Auch diese Beschränkung ist richtig. Der sogenannte „naturalistische Fehlschluß" wird in der Regel vom erfahrenen Wissenschaftler sorgfältig vermieden.

Aber andererseits kann kein Zweifel bestehen, daß Wissenschaft als Betrieb der Erkenntnisgewinnung extrem wertgebunden ist. Für den Wissenschaftler ist zuverlässiges Wissen der überragende, der superiore Wert, nach dem er strebt. Erkenntnis ist das leitende Ideal, die richtunggebende Determinante. Von diesem Wert lebt die Wissenschaft. Insofern ist Wissenschaft eine moralische Institution, denn in dem Augenblick, wo ich Wissenschaft betreibe, ordne ich alles andere diesem Wert „zuverlässiges Wissen" unter; als Wissenschaftler praktiziere ich einen ethischen Kodex, der sich konsequent aus der Akzeptanz des superioren Werts ergibt. Genau dieser Umstand hat mich als Student bewogen, mich von der Philosophie zu distanzieren und den Naturwissenschaften zuzuwenden.

Ein Text der Fakultät für Biologie der Universität Freiburg, der im Juli 1999 beschlossen wurde, konkretisiert den ethischen Kodex in Form von Geboten:

- Du darfst niemals Daten fälschen, erfinden oder unterdrücken!
- Wenn du deine Methoden beschreibst, verschweige oder verschleiere nichts!
- Unterdrücke keine glaubwürdige Information, auch wenn sie deinen Schlussfolgerungen widerspricht!
- Stehle keine Ideen oder Daten und zitiere korrekt!
- Sabotiere nicht die Forschung anderer, zerstöre kein Forschungsmaterial, kein Instrument und keine Daten!
- Setze deinen Namen nur auf Veröffentlichungen, zu denen du merklich beigetragen hast, und die du mitverantworten kannst!

Diese Gebote sind vor allem beim Publizieren zu beachten, aber auch bei Vorträgen, Anträgen auf Forschungsmittel und beim Begutachten anderer.

Wer im Bereich unserer Fakultät gegen eines der obigen Gebote verstößt, muß mit strengen Sanktionen rechnen.

Ein letzter, aber entscheidender Punkt: Das wissenschaftliche Ethos als Partialethos.

Der Wissenschaftler als Person lebt moralisch in mehreren Welten. Das Ethos der Wissenschaft, das seiner wissenschaftlichen Arbeit selbstverständlich und unverrückbar zugrunde liegt, ist im allgemeinen nicht identisch mit den Determinanten seiner privaten und politischen Existenz, es ist in der Regel auch nicht maßgebend für die zwischenmenschlichen Beziehungen der Wissenschaftler. Das wissenschaftliche Ethos ist ein ‚Partialethos'. Die Anerkennung des wissenschaftlichen Ethos bedeutet nicht, daß der Wissenschaftler Liebe und Furcht, Bewunderung und Haß, Triumpf und Verzweiflung, Zärtlichkeit und Leidenschaft aus seinem emotionalen Repertoire zu eliminieren hat. Der leidenschaftslose, nur der Erforschung der Wahrheit hingegebene Wissenschaftler ist eine Karikatur, und eine schlechte Karikatur dazu, weil sie den wahren Sachverhalt nicht trifft.

Die herausragenden Wissenschaftler waren in der Regel auch eigenwillige und herausragende Menschen, verbunden mit der Welt, eingefügt in die Kultur ihrer

Zeit, ebensoviel oder ebensowenig wie andere Bürger interessiert, zuweilen vital interessiert, an den ideologischen und politischen Spannungen und Kämpfen ihrer Zeit.

Kürzlich wurde mir in einem Fernsehinterview die Frage gestellt: „Würden Sie mir zustimmen, daß die Eigenschaften Sachlichkeit, Vorurteilslosigkeit und Selbstlosigkeit Tugenden sind, die einen Wissenschaftler auszeichnen sollten?" Meine Antwort: Die Selbstlosigkeit würde ich nicht akzeptieren. Ich sehe keinen Grund, weshalb ein Wissenschaftler selbstlos sein sollte. Der Wissenschaftler kann durchaus selbstsüchtig sein, er kann extrem ehrgeizig sein, er kann seine Karriere auf Kosten anderer Menschen vollziehen – das gibt es jeden Tag in der Wissenschaft –, und dennoch kann dieser Wissenschaftler einen exzellenten Beitrag zum Erkenntnisprogress leisten. Wir müssen uns von der Illusion verabschieden, daß der Naturwissenschaftler in seinem ganzen Verhalten, in seinem individuellen Leben ein Super-Mensch sein muß. Dieses Bild vom Wissenschaftler ist einfach ein Unsinn! Genau dieses Bild hat in der Öffentlichkeit zu jener skurrilen Auffassung geführt, Wissenschaftler seien – wie Hieronymus im Gehäuse – Leute, die völlig selbstlos der Wahrheit dienten. Davon kann überhaupt nicht die Rede sein! Wissenschaftler sind nicht selten *maßlos* ehrgeizig und karrieresüchtig. Und sie werden gelegentlich von Motiven getrieben, die moralisch eher suspekt sind, aber sie gehorchen dem wissenschaftlichen Ethos, d. h. in dem Moment, wo es um Erkenntnis geht, weichen sie kein Jota von dem intellektuellen Methodenarsenal und den moralischen Rahmenbedingungen der Erkenntnisgewinnung ab.

Und darauf kommt es an, wenn es um Forschung und Erkenntnis geht. Es geht beim Ethos der Forschung nicht um den „guten Menschen" der Philosophen, sondern um die Spielregeln, die man einhalten muß, damit Erkenntnis, gesichertes Wissen, reliable knowledge, entsteht.

6.2 Stufen der Verantwortung in der Wissenschaft

Zwei Vorbemerkungen:

- Die künftige Welt wird noch mehr als die Gegenwart durch Wissenschaft und Technologie geprägt sein. Dazu gibt es keine Alternative. Für sechs oder bald acht Milliarden Menschen gibt es kein Zurück in eine vorwissenschaftliche Welt.
- Wir stehen vor der Notwendigkeit, den wissenschaftlich-technischen Fortschritt bewußt und vernünftig zu gestalten. Es geht nicht nur um die ‚richtigen' Technologien, sondern ebenso um die Tugenden der Industriekultur und um die Zukunft des Politischen in einem Zeitalter der ökonomischen Globalisierung.
  Vor diesem Hintergrund behandle ich jetzt die Frage: Für was und in welchem Ausmaß tragen die Wissenschaftler Verantwortung, in der Welt von heute und für die Welt von morgen.

Das Kollektiv der Wissenschaftler ist verantwortlich:

- für die Güte (Verläßlichkeit) des Wissens (der Erkenntnis). Dies ist seine eigentliche, genuine Verantwortung. Die Menschen müssen sich beim theoretischen Argument und beim praktischen Handeln auf das Wissen verlassen können.
- für die korrekte und angemessene Umformung von theoretisch-kognitivem Wissen in Verfügungswissen. Verfügungswissen gibt uns die Antwort auf die Frage: Wie kann ich etwas, was ich tun will, tun? Auf diese Frage wollen nicht nur Industrie und Wirtschaft, sondern jeder einzelne Mensch eine treffsichere Antwort.
- für eine sachgerechte Technikfolgenabschätzung nach wissenschaftlichen Grundsätzen. Welche Folgen sind zu erwarten, wenn wir eine bestimmte Technik einführen, welche Folgen müssen wir erwarten und verkraften, wenn wir auf eine bestimmte Technik verzichten?
- für eine vernünftige Technikfolgenbewertung und Politikberatung. Diese Stufe verlangt eine besondere Sensibilität, denn es kommt das prekäre Spannungsverhältnis zwischen Wissenschaft und Politik ins Spiel (Kapitel 10.2).

6.3 Die gesellschaftliche Verantwortung des Forschers

Wo kommt, so fragen wir uns jetzt, die gesellschaftliche Verantwortung des Forschers ins Spiel? Die Antwort, um die über Jahrzehnte gerungen wurde, ist für viele enttäuschend:

Der Forscher handelt, solange er auf Erkenntnis abzielt, prinzipiell gesinnungsethisch, nicht verantwortungsethisch. Die gesellschaftliche Verantwortung des Forschers ist deshalb eng begrenzt. Die Verantwortungskette, die man einem individuellen Forscher zuordnen kann, bricht rasch ab. („Otto Hahn war nicht verantwortlich für Hiroshima").

Technologische Entwicklungen verlaufen weder planmäßig noch geradlinig. Typisch für die Entwicklung moderner Technologien sind die Anonymität, die Eigendynamik und die Komplexität des Geschehens.

Der Verantwortungsbegriff, wie er in der öffentlichen Debatte über Wissens- und Technikfolgen impliziert ist, setzt zweierlei voraus: Die präzise Kenntnis der Nebenfolgen – und Akteure, denen diese Nebenfolgen als Handlung kausal zugeordnet werden können. Beide Voraussetzungen sind in der Regel nicht erfüllt. Natürlich konnte Otto Hahn von Hiroshima nichts wissen und er hatte nicht den geringsten Einfluß auf die Entscheidung Roosevelts, die Atombombe bauen zu lassen, oder auf die Entscheidung Präsident Trumans, die Bombe abzuwerfen und damit den 2. Weltkrieg zu beenden. Die Forderung von C. F. von Weizsäcker, der die Verantwortung des Wissenschaftlers mit der von Eltern vergleicht, die selbst noch für ihre erwachsenen Kinder Verantwortung empfinden, ist nicht operationalisierbar. Die totale Verantwortung des Forschers für die Güte des Wissens darf deshalb nicht mit der Verantwortung für die technologischen und sozialen Folgen des Wissens vermengt werden.

Friedrich Dürrenmatt hat es seinerzeit in seiner Komödie „Die Physiker“ auf den Punkt gebracht: Der Inhalt der Physik gehe die Physiker an, die Auswirkung alle Menschen. Was alle angehe, könnten nur alle lösen.

Ich fasse diesen Aspekt zusammen: Die aus Erkenntnis resultierende Praxis ist ihrer Natur nach immer ambivalent. Jedwede Technik ist ein zweischneidiges Schwert. Ob eine Handlung ‚gut‘ ist, hängt von der Gesamtheit der Umstände ab. Die verantwortungsethische Forderung an den Wissenschaftler, er solle die möglichen technischen Folgen seiner wissenschaftlichen Forschung antizipieren und im voraus sittlich verantworten, ist deshalb prinzipiell unerfüllbar. Der Wissenschaftler handelt deshalb, solange sein Tun auf Erkenntnis zielt, prinzipiell gesinnungsethisch. Es gibt keine andere Wahl. Natürlich steht die persönliche Verweigerung in einer freien Gesellschaft jedem offen. Sie ist allerdings praktisch wirkungslos, da auch in der Wissenschaft (fast) jeder Mensch ersetzbar ist. Einige aus meiner Generation hatten schmerzhafte Entscheidungen im Spannungsfeld von Forschung und Verweigerung zu treffen. Ich habe seinerzeit, 1957, als postdoc in den U.S.A. ein überaus attraktives Angebot abgelehnt als mir klar wurde, dass es sich um ein Vorhaben mit dem Ziel biologischer Waffen handelte. Aber ich habe mich davor gehütet, meinen Kollegen und Freund, der die angebotene Position an meiner statt angenommen hat, dafür zu tadeln. Auch er hatte für seine Entscheidung gute Gründe, auch gute moralische Gründe. Zur Erinnerung: Wir lebten damals in einer besonders kritischen Phase des Kalten Krieges.

Der Forscher kann sich natürlich als Homo politicus in Fragen, die politisch oder moralisch zu entscheiden sind, einmischen. Er sollte aber klarstellen, daß er als politischer Mensch und nicht als Fachmann urteilt.

Beispiel Einstein: Er hat sich zeitlebens in Fragen der politischen Moral eingemischt. Einstein glaubte sich tief verantwortlich vor der Menschheit, als er in der ersten Hälfte seines Lebens, vor allem während des 1.Weltkriegs, gegen alle militärischen Vorbereitungen kämpfte; er hielt sich für noch verantwortungsbewußter gegenüber der Menschheit, als er sein legendäres Ansehen nutzte und bei Roosevelt zugunsten einer Atombombe intervenierte. Moralisch hatte er (vermutlich) beidemal recht. Mit seinen Leistungen als Physiker waren seine Interventionen beidemal nicht zu begründen. Aber zweifellos hat Einsteins Ansehen als Physiker seinen Interventionen eine ungewöhnliche Kraft gegeben. Entsprechend hoch war seine politische Verantwortung.

Woher nahm Einstein die Kraft für seine politischen Interventionen? Nach 1914 war es sein Abscheu gegen den Wahnsinn eines technisierten Krieges. Aber die Ereignisse der Zeit, das Phänomen Hitler, so interpretierte Max Born die Entscheidung seines Freundes zugunsten der Atombombe, hatten ihn gelehrt, daß die letzten ethischen Werte, auf denen Menschsein beruht, notfalls auch mit Gewalt verteidigt werden müssen.

Nur wenige von uns sind Einsteins. Unsere Aufgabe ist es nicht, Politik zu steuern. Politik verlangt eine besondere Professionalität, die nicht die unsrige ist. Unsere Aufgabe ist es aber, darauf zu dringen, daß *gute* Politik gemacht wird, die sich auf das positive Wissen unserer Zeit gründet. Wissenschaftliche Erkenntnis ist sicher kein hinreichender Grund für gute Politik, aber *gegen* wissenschaftliche Erkenntnis kann man keine gute Politik machen.

Ich sagte eingangs, daß wir vor der Notwendigkeit stehen, den wissenschaftlich-technischen Fortschritt bewußt und vernünftig zu gestalten.

Was bedeutet dies, hic et nunc, für den Homo investigans, für den Forscher, für den Träger des wissenschaftlichen Fortschritts? Er braucht, wie nie zuvor, die Einbindung in nichtwissenschaftliche Lebenszusammenhänge. Anders gesagt: Erkenntnis ist zwar eine unabdingbare Voraussetzung, aber kein hinreichender Grund für die richtige Führung unseres Lebens. Die Reflexion über die weiteren Lebenszusammenhänge – nennen wir sie vereinfacht die ‚philosophische' Reflexion – bremst vielleicht die kreative Kraft des Forschers, aber sie gewinnt dem Forschungsprozeß die Autorität und Würde einer vernünftig und moralisch begründeten Handlung zurück. Und darauf kommt es heute an, mehr denn je.

6.4 Orientierungswissen und Ethik

Wir unterscheiden zwischen Verfügungswissen und Orientierungswissen (Kapitel 1.2). *Verfügungswissen* gibt uns die Antwort auf die Frage: Wie kann ich etwas, was ich tun will, tun? Technologie bedeutet geballtes Verfügungswissen.

Orientierungswissen hingegen ist Wissen um Handlungsmaßstäbe. Es gibt uns Antwort auf die Fragen: Was soll ich tun? Was darf ich tun? Was darf ich nicht (oder nicht mehr) tun? Orientierungswissen bedeutet Kultur. Kultur, reflektiertes Leben, ist dadurch charakterisiert, dass der Mensch nicht alles tut, was er tun könnte. Verfügungswissen wird durch Orientierungswissen gezügelt.

Als Ethik (im strengen Sinn) bezeichnet man das philosophisch disziplinierte Nachdenken über richtiges Orientierungswissen.

Das hört sich einfach an. Aber natürlich ergeben sich Probleme:

- Das Orientierungswissen wandelt sich. Moraltheologische Positionen zum Beispiel finden in der säkularen Welt von heute nur noch dann Eingang in den ethischen Diskurs, wenn sie sich in vernunftphilosophische Positionen übertragen lassen.
- Die Technologien wandeln sich durch Innovationen. Hier unterscheiden wir:

  1. Inkrementale (schrittweise) Innovationen

  Bereits bekannte Konstrukte werden verbessert: bessere Autos, bessere Kühlschränke, bessere Weizensorten, bessere Antibiotika. Inkrementale Innovationen bedeuten in der Regel keine Herausforderung an das Orientierungswissen.

  2. Basisinnovationen

  Damit meinen wir bahnbrechende Neuerungen auf der Grundlage von Entdeckungen, z.B. Landwirtschaft, Dampfmaschine, Eisenbahn, Rotationsdruck, Elektrotechnik, Automobil, Kernenergie, Mikroelektronik, Informationstechnik, Raumfahrt, Gentechnik, Nanotechnik.

Zu den Merkmalen der Basisinnovationen gehört eine breite Diffusion. Sie beeinflussen viele, wenn nicht alle Bereiche unseres Lebens. Die Basisinnovationen verändern die Strukturen einer Gesellschaft bei deren Bemühen, die neue Basisinnovation optimal zu nutzen. Dazu gehören neue Infrastrukturen, neue Bildungsinhalte, neue Schwerpunkte in Forschung und Entwicklung, neue Führungs- und Organisationskonzepte in den Unternehmen.

Das ethische Problem entsteht bei dem Zusammenstoß einer Basisinnovation mit dem etablierten Orientierungswissen. Diese Zusammenstöße haben seit jeher die Kulturgeschichte des Menschen geprägt.

Problemverschärfend wirken heute vier Faktoren:

- der rasche wissenschaftliche und technologische Wandel
  — man kommt nicht mehr mit.
- die öffentliche Ignoranz bezüglich Wissenschaft und Technologie
  — man bemüht sich nicht mehr darum, zu verstehen, um was es eigentlich geht.
- der Zerfall des etablierten Orientierungswissens
  — man weiß nicht mehr, was sich gehört
  — man weiß nicht mehr, wie man handeln soll
  — man ist sich nicht mehr sicher, was recht ist.
- die zunehmende Bedeutung von ‚Moralfabriken', deren Produkte von den Medien kunstgerecht verpackt und von politischen Kräften im Kampf um die Seelen und Stimmen der Menschen eingesetzt werden. Ein Beispiel ist Greenpeace.

Welche Auswege bieten sich an?

Es gilt, die ethische Reflexion anzustossen und zu fördern. Ethik ist – wie gesagt – das philosophisch disziplinierte Nachdenken über das richtige Orientierungswissen, über die sittlichen Grundlagen eines ‚guten' Lebens in der modernen Welt.

Ethische Urteile müssen drei Anforderungen genügen:

- Als Grundlage eines ethischen Urteils dient ein Satz von kohärenten und konsistenten Werten.
- Die Urteile müssen logisch sein.
- Die Urteile müssen das einschlägige Sachwissen respektieren.

Urteile, die diesen Anforderungen nicht genügen, nennen wir „Ethik aus dem Bauch". Sie sind in aller Regel wertlos und gefährlich.

6.5 Ethik und Biotechnologie

Die öffentliche Diskussion über Biotechnologie ist voll von wertlosem Geschwätz über Risiken. Natürlich muß man in Forschung und Praxis Vorsichtsmaßnahmen treffen, wenn man Neuland betritt. Aber dies können die Fachleute selber am besten beurteilen.

Erinnern möchte ich nur an die Richtlinien, die 1975 aus den Diskussionen der Asilomar-Konferenz über rekombinante DNA entstanden sind. Die Bedenken kamen auf, weil damals viel mit rekombinanten Viren gearbeitet wurde. Die Forscher hatten Angst davor, dass sich ein unvorhersehbarer und nicht beherrschbarer Vorfall mit den Viren ereignen könnte. Daraufhin wurden von den Wissenschaftlern selbst Richtlinien für gentechnologisches Arbeiten und für die Entwicklung von sicheren Vektoren und Bakterienstämmen aufgestellt, die dann in den wichtigen Forschungsnationen in Kraft gesetzt wurden. Philosophen, Theologen oder Juristen waren an dem ethischen Unternehmen nicht beteiligt. Sie hatten seinerzeit das neue Zielgebiet noch gar nicht entdeckt. Die Fachleute waren unter sich, als es um die Debatte der potentiellen Risiken und um angemessene Konsequenzen ging. Aus heutiger Sicht waren die meisten der Vorsichtsmaßnahmen nicht nötig. Man ist weit übers Ziel hinausgeschossen. Dennoch halte ich die Asilomar-Konferenz für einen Meilenstein in der Geschichte der Wissenschaft. Sie zeigte die ethische Kompetenz der beteiligten Forscher. Das Ereignis hat mich seinerzeit auch persönlich tief geprägt.

Im Gegensatz zum überlegten Vorgehen der Wissenschaft haben die Kampagnen der Moralisten der Sache und dem Anliegen der Ethik bislang nur geschadet.

Die Fallstudie Humaninsulin ist hier besonders instruktiv. Ich habe die Vorgänge um das Humaninsulin seinerzeit aus der Nähe verfolgen können. Die Kampagne gegen Humaninsulin hatte nichts mit Ethik oder Risikoanalyse zu tun, sondern war blanke politische Willkür, gepaart mit Zynismus, auch wenn die seinerzeitigen Wortführer dies in der Retrospektive gern anders sehen. Niemand agitiert heute noch gegen Humaninsulin. Wir sollten aber nicht völlig vergessen, dass es über 10 Jahre dauerte, bis die Fa. Hoechst die Betriebsgenehmigung für die Herstellung von Humaninsulin erhalten hat. Natürlich war zu diesem Zeitpunkt der Markt für Humaninsulin bereits aufgeteilt. Die deutschen Diabetiker bezogen ihr Humaninsulin längst von US-Firmen.

Ich fasse zusammen:

Selbstverständlich sind der Biotechnologie ethische Grenzen gesetzt. Reproduktives Klonen zum Beispiel wird auch von den Wissenschaftlern einhellig abgelehnt. Aber an die Qualität der ethischen Reflexion sind strenge Anforderungen zu stellen. Insbesondere hat der moderne Staat die Verpflichtung, dafür zu sorgen, dass doktrinäre Willkür – Ethik aus dem Bauch – ihren Einfluß auf die Gesetzgebung und auf die Auslegung des Rechts verliert.

Als Beitrag zur reziproken Vertrauensbildung sollte die Wissenschaft keinen Zweifel daran aufkommen lassen, dass sie der demokratischen Willensbildung tributpflichtig ist. Das Grundrecht der Forschungsfreiheit muß gegen andere Grundrechte abgewogen werden. Anderseits aber nimmt die Wissenschaft für sich das Recht in Anspruch, eine wohl begründete Position auch gegenüber Regierung und Parlament zu verteidigen. Etwa derzeit die Forderung nach einer Öffnung des Embryonenschutzgesetzes mit dem Ziel, überzählige *moribunde* Embryonen aus der in vitro Fertilisation zur Gewinnung von Stammzellen für Forschung und womöglich Therapie zu nutzen. Auf den Widerstand, dem wir in dieser Frage begegnen, waren wir nicht gefasst, besteht doch in Deutschland kein Konsens in Bezug auf die grundsätzliche Frage, welchen Rechtsstatus der menschliche Embryo und der menschliche Foetus besitzt. Das Grundgesetz – diesen Umstand muß man immer wieder betonen -garantiert keinen absoluten, sondern nur einen relativen Schutz des menschlichen Lebens. Die Bestimmungen über den Schwangerschaftsabbruch belegen die Relativität des Lebensschutzes für Embryo und Foetus in unserem Land. Vor dem Hintergrund von 150 000 konzedierten Abtreibungen pro Jahr wirken die biopolitischen Debatten um ein Dutzend tiefgefrorene moribunde Embryonen makaber und heuchlerisch.

Eine abschließende Bemerkung an die Adresse der Unternehmer – nicht nur im Feld der Biotechnologie:

Die moderne Wirtschaft wäre ein absurder Vorgang, wenn das Ziel der Produktion die Produkte wären. Das eigentliche Ziel ist ein immaterielles Gut, nämlich ‚menschliches Glück'. Das Glück der Menschen ist an materielle Güter gebunden, aber nicht mit ihnen identisch. Die Erforschung der Wohlfahrt kann sich deshalb nicht auf die Messung von Gütermengen und deren Verteilung beschränken.

Die Wirtschaft ist nicht allein Sache des Homo oeconomicus.

Die theoretische Vernunft des Homo oeconomicus beurteilt die Effizienz des Mitteleinsatzes im Hinblick auf ein vorgegebenes Ziel; die praktische Vernunft des Homo sapiens beurteilt die Vernünftigkeit der Ziele und Zwecke. Ich weiß, dass mein Plädoyer für Biotechnologie in Medizin und Landwirtschaft nur dann glaubwürdig und überzeugend ist, wenn es vor der praktischen Vernunft im Kant'schen Sinne bestehen kann.

Ich bin von der Stimmigkeit meiner ethischen Argumente zugunsten der Biotechnologie überzeugt. Deshalb scheue ich mich nicht, wo immer ich kann, für die Akzeptanz dieser Basisinnovation einzutreten. Gerne würde ich darüber hinaus der Biotechnologie eine glänzende Perspektive prophezeihen, aber dies wird davon abhängen, ob sich auch in unserem Land die „Ethik aus dem Kopf" gegen die „Ethik aus dem Bauch" durchsetzen kann.

Weiterführende Literatur zu 6

Mohr, H. (1979) The Ethics of Science. In: Interdisciplinary Science Review *4*, S. 45–53

Mohr, H. (1991) Homo investigans und die Ethik der Wissenschaft. In: Wissenschaft und Ethik (Lenk, H., Hrsg.). Reclam, Stuttgart

Mohr, H. (1999) Das Orientierungswissen der Wissenschaft. In: H. Mohr, Wissen – Prinzip und Ressource. Springer, Heidelberg

Mohr, H. (2002) Eröffnet die Gentechnik neue Dimensionen? – In: Technikphilosophie, Bd. 10 (K. Kornwachs, Hrsg.). LIT, Stuttgart

Rowe, D. E., Schulmann, R. (2007) Einstein on politics. Princeton Univ. Press, Princeton

7

Das Menschenbild im Lichte der Evolutionstheorie

7.1 Gene und Meme

Der Mensch ist aus der biologischen Evolution hervorgegangen. Dies ist eine wissenschaftliche Tatsache. Die Gesetze der Genetik gelten uneingeschränkt auch für den Menschen. Auch dies ist eine wissenschaftliche Tatsache. Aus der Sicht der Molekulargenetik oder der Populationsgenetik ist der Mensch keine außergewöhnliche Art.

Die größeren genetisch kohärenten Gruppen des Menschen nennt man in der Wissenschaft Rassen. Die Rassen, die derzeit leben, haben sich historisch innerhalb kurzer Zeiträume entwickelt. Nach heutiger Auffassung ist der moderne Mensch (*Homo sapiens*) vor etwa 200 000 Jahren in Afrika aus dem Hominidenstammbaum entstanden. Der Zweig der Hominiden hatte sich erst fünf Millionen Jahre vorher vom Schimpansenzweig getrennt, in den Zeitdimensionen der Evolution eine kurze Spanne. Demgemäß stimmen wir im Erbgut zu etwa 98 % mit den beiden rezenten Schimpansenarten überein.

Vor ungefähr 100 000 Jahren wanderten Menschengruppen aus dem afrikanischen Ursprungsgebiet aus, und zwar in die gesamte Welt. Vor etwa 35 000 Jahren erreichten einige „Sippen" oder „Stämme" des *Homo sapiens* Westeuropa, vor 20 000 Jahren Nordamerika.

Das menschliche Genom, dessen Sequenzanalyse bereits 2004 im wesentlichen abgeschlossen wurde, enthält rund 30 000 Strukturgene. Die Funktionsweise dieser Gene ist dieselbe wie in anderen Organismen auch. Viele, ja die meisten dieser Gene kommen auch in anderen Organismen vor. Mit unseren nächsten Verwandten unter den Primaten, den Zwergschimpansen, den Bonobos, haben wir – wie gesagt – den größten Teil des Genoms, 98.7 Prozent, gemeinsam. Der Unterschied zwischen dem Bonobo und dem Menschen betrifft etwa 400 Gene. Auch der Genbestand der Maus unterscheidet sich nur wenig von dem des Menschen, im detailliert untersuchten Chromosom 16 zu weniger als drei Prozent.

Aber auch mit verwandtschaftlich weit entfernten Arten haben wir genetische Beziehungen. In dem genau studierten Genom der Hefezelle zum Beispiel haben viele unserer Gene ihre genaue Entsprechung. Rund 50 von 170 Genen für menschliche Erbkrankheiten kommen im Genom der Hefezelle vor und können deshalb im Hefesystem funktionell untersucht werden. Die Rassen des Menschen unterscheiden sich in ein paar hundert Genen, die Studenten in meinem Hörsaal unterscheiden sich im Durchschnitt in etwa 100 Genen. Aber diese hundert Gene bestimmen unsere Individualität.

Die Sachverhalte, die ich bislang angesprochen habe, werden im Ernst nicht mehr bezweifelt. Die Frage ist vielmehr, was diese Sachverhalte **bedeuten**, für unser Menschenbild, für unser Selbstverständnis, für die Interpretation unserer Kultur. **Das** ist die Frage, um die es in diesem Kapitel gehen soll.

Seit dem mittleren Neolithikum, in den letzten 10 000 Jahren, hat sich nach allem, was wir wissen, im Genom des Menschen nichts wesentliches verändert. Unsere neolithischen oder broncezeitlichen Vorfahren waren im grossen und ganzen Menschen wie Sie und ich. Ein evolutionärer Fortschritt, ein einschneidender populationsgenetischer Wandel, hat sich seitdem nicht abgespielt. Der *kulturelle* Wandel hingegen war ungeheuer. Wie passt dies zusammen?

Einige Biologen, uns allen voran mein englischer Kollege Richard Dawkins, haben ein einleuchtendes Konzept entwickelt. Die Gene, so sagen wir, sind die Einheiten der biologischen Vererbung und Determination. Die Gesamtheit der Gene, also das Genom, bestimmt unsere biologischen Eigenschaften. Analog zu den Genen gibt es Meme (Einzahl das Mem). Meme sind die Einheiten der kulturellen Vererbung. Unsere Kultur, unsere kulturelle Tradition, ist gekennzeichnet durch Meme. Sprachen sind Meme, auch Dialekte sind Meme. Wissenschaftliche Lehrsätze sind Meme, Technologien sind Meme, Moralen, Rechtsordnungen, politische Systeme, Mythen, Religionen, Sitten, Gebräuche, Lebensstile, Feste, Haartrachten, Kochrezepte … .

Auch die großen Gestalten der Dichtung zählen wir zu den Memen. Sie sind zwar vom menschlichen Geist erzeugt, haben sich aber als kulturelle Entitäten von ihrem jeweiligen Schöpfer gelöst. Odysseus, Parsival, Dr. Faust, Josef Knecht sind Meme, die ganze Segmente unserer kulturellen Tradition repräsentieren.

Und nun die triviale These: Das kultivierte menschliche Verhalten ist bestimmt durch Gene und Meme. Gene sind die angeborenen Determinanten unseres Verhaltens, Meme sind die erlernten oder imitierten Determinanten unseres Verhaltens. Menschen handeln meist nach diesen kulturellen Regeln, obgleich sie sich deren gar nicht bewusst sind und sie explizit nicht beschreiben können.

Die Kulturgeschichte der letzten Jahrtausende beruhte in erster Linie auf einer Evolution der Meme vor dem Hintergrund des weitgehend konstanten Genoms. Es ist die Wechselwirkung zwischen Genen und Memen, die unser kultiviertes Leben bestimmt.

Ein einfach zu durchschauendes Beispiel ist die Sprache.

Es sind drei Faktoren zu unterscheiden, die beim Erwerb einer Sprache zusammenspielen:

1. Der Spracherlernungsapparat (language-acquisition-device). Er ist angeboren.
2. Sprachliche Universalien, also Strukturmerkmale, die alle menschlichen Sprachen gemeinsam haben und die garantieren, daß die Sprache, die wir lernen,

der Welt, in der wir zu leben haben, angemessen ist. Diese sprachlichen Universalien („Universalgrammatik") sind ebenfalls angeboren.
3. Die spezifische Umwelt, in der das Kind seine Muttersprache erwirbt. Die individuelle Spracherfahrung, der prägende Kontakt mit dem Mem Muttersprache bestimmt, welche Sprache innerhalb der begrenzten Menge potentiell möglicher Sprachen von einem Kind tatsächlich erlernt wird.

Ähnlich wie der Spracherwerb läßt sich die individuelle Herausbildung, die Genese, moralischer Kompetenz verstehen. Die prinzipiellen Muster unseres moralischen Verhaltens, die moralischen Universalien, sind als angeborene Rahmenbedingungen in der genetischen Substanz vorgegeben, die Feinstruktur bildet sich im Dialog zwischen der genetischen Software und der kulturellen Meme. Die Gene bereiten uns also im Prinzip auf die sozietäre Welt vor, in der wir zu leben haben, die Feinanpassung an die spezifischen Regeln der Gesellschaft, in der wir uns bewähren müssen, erfolgt dann im Dialog zwischen Erbgut und moralischer Meme.

7.2 Rechtsordnungen

Meme von gewaltiger Bedeutung sind die Rechtsordnungen. Auch hier läßt sich der Zusammenhang zwischen genetischer und memetischer Determination leicht rekonstruieren. Wie wir uns soeben klargemacht haben, sind die sozietäre Lebensform und die daraus resultierende moralische Kompetenz in uns genetisch fest verankert. Die auf der Basis dieser Kompetenz erlernten oder imitierten moralischen Meme stabilisierten die Kulturgeschichte aber nur bis zu einem bestimmten Niveau an Komplexität. Moralen, auch reflektierte Moralen, ‚funktionieren' erfahrungsgemäß nur im Nahbereich, bei geringer Komplexität, mit überschaubarer Zuordnung von Ursachen, Folgen und Sanktionen. Das Paradigma ist die Stammesmoral des Alten Testaments, ausformuliert im Dekalog. Jede moralische Handlungsanweisung – so kann man zeigen – verliert mit steigender Dimension und Komplexität an Wirksamkeit. Hier tritt das Recht neben (und in der Regel über) die Moralen. Regelungsbereich des Rechts ist der soziale Fernbereich, der Staat und die Staatengemeinschaft.

Die Erfindung des Rechts – Gesetzgebung durch erdachte, rationale Rechtsnormen, Auslegung der Rechtsnormen durch einen anerkannten Richter, angemessene Sanktionen bei Normenverstoß – war eine unabdingbare Voraussetzung *kultureller* Evolution. Das Buch Genesis schildert die Welt **vor** dem Gesetz, ante legem; daher gibt es in der Genesis soviel Ungerechtigkeit und Barbarei. Auch der heute drohende „Kampf der Kulturen" kann allem Anschein nach nicht über Moralen, sondern nur über neue, *ökonomisch* unterlegte Rechtsnormen ausgeglichen werden. Die ordnungspolitische Wirkung der Religionen ist eng begrenzt und im Sinn eines Weltethos eher kontraproduktiv. Die (postmoderne) Philosophie schließlich hat nicht die Kraft, universalistische Prinzipien zu rechtfertigen und durchzusetzen. Die universellen Menschheitsbeglückungsansprüche – allen voran die globale Verteilungsgerechtigkeit – werden seit dem Tod der großen Utopien allenfalls noch zu Weihnachten und Neujahr – und während des Sommerlochs – von Feuilletonisten vorgetragen, *un*verbindlich versteht sich. Was die moderne Welt aber braucht, sind international *verbindliche* Rechtsnormen, Gesetze und entsprechende Sanktionen. Nur sie können Gerechtigkeit und Fairness in einer globalisierten Ökonomie gewährleisten.

7.3 Wissenschaft als Memenkomplex

Der Mensch ist zweifellos aus der biologischen Evolution hervorgegangen, aber er hat im Gegensätz zu allen anderen Organismen sein biologisches Erbe über die Natur hinaus weiterentwickelt. Der Mensch ist das einzige Lebewesen, das Gebilde erschafft, die die Natur nicht hervorbringen kann: technische Gebilde einerseits und Meme andererseits. Zu den Dingen, die nur der Mensch kann, zählt das Vermögen, sich eine widerspruchsfreie und zusammenhängende geistige Welt zu bauen – von der er mit guten Gründen annehmen kann, dass sie zumindest teilweise die real gegebene Welt widerspiegelt: das wissenschaftliche Weltbild. Deshalb gilt Wissenschaft als die bedeutsamste Meme, die der menschliche Geist hervorgebracht hat.

Das Mem (oder besser: der Memenkomplex) Wissenschaft koexistiert freilich mit anderen Memen, die damit unvereinbar sind. Aberglauben, Angstreligionen und sich an Absurdität wechselseitig überbietende Ideologien haben die Entwicklung des Menschen begleitet; sie bilden die negative Seite des kulturellen Fortschritts (W. Stegmüller). 50 Prozent der Deutschen praktizieren zum Beispiel finsteren Aberglauben: Für Astrologie und andere Formen der Wahrsagerei wird bei uns weit mehr Geld ausgegeben als für Astronomie.

Für viele Menschen ist Gott die verehrungswürdigste Meme. Andererseits ist das wissenschaftliche Weltbild ein Weltbild ohne Gott (Kapitel 3.2).

Die Meme unserer Kultur, so lernen wir aus diesen Betrachtungen, stehen nicht notwendigerweise miteinander in Einklang.

Dies gilt auch für unsere genetisch determinierten angeborenen Fähigkeiten. Die menschliche Natur ist von Natur aus voller Widersprüche. Aus diesem Grund hat sich in der Evolution nur das durchgesetzt, was wir ‚gemischte Strategien' nennen. Denn nur die gemischten Strategien geben Menschen, Tieren und Pflanzen jene Elastizität des Verhaltens, die sie brauchen, um wechselnden Umweltbedingungen begegnen zu können.

Ich möchte Ihnen diesen Sachverhalt am Beispiel des Sozialverhaltens der Primaten erläutern.

7.4 Evolutionsstrategie

Eine wichtige Evolutionsstrategie ist die Bildung von Gemeinschaften, von Sozietäten. Auch der Mensch ist auf das Leben in einer Sozietät angelegt. Er ist deshalb darauf angewiesen, daß die Grundlinien des Verhaltens seiner Mitmenschen – und seines eigenen Verhaltens – vorhersehbar sind. Dies wird von der Moral geleistet (lateinisch mores = Sitten, Gebräuche). Ohne ein bestimmtes Maß an

Moral, an ‚Regelbefolgung', an Orientierungssicherheit gibt es keine Gemeinschaft, kein sozietäres Leben. Die Voraussagbarkeit des faktischen Handelns setzt Vertrauen voraus, das Menschen anderen Menschen entgegenbringen. Vertrauen beinhaltet die erfahrene Annahme, daß sich der andere in Übereinstimmung mit der moralischen Struktur verhalten wird.

Warum bildeten sich überhaupt Gemeinschaften? Sozietäten sind in der biologischen und kulturellen Evolution wegen der Synergieeffekte, die Kooperation mit sich bringt, entstanden. Wissenschaftlich ausgedrückt: Kooperation in Richtung Sozietät evolviert dann, wenn die gesteigerte Leistungsfähigkeit kooperierender Gruppen die aufaddierten Vorteile der egoistischen Nutzenmaxierung innerhalb der Gruppe übersteigt. Auch der Egoist kooperiert, sobald er merkt, daß es sich lohnt. Nochmal wissenschaftlich ausgedrückt:

Den Vorzügen der Synergieeffekte (und damit der sie gewährleistenden Moral) steht die Attraktivität der egoistischen Nutzenmaximierung gegenüber.

Die tagtäglichen Erfahrungen mit dem Egoismus – unserem eigenen und dem der anderen – sind uns wohl vertraut. Trittbrettfahrer sind solche, denen es gelingt, vom Synergieeffekt der Sozietät zu profitieren, ohne den entsprechenden Tribut an die Moral (bei den Tieren an die präreflexive Protomoral) zu entrichten. Im wechselnden Ausmaß sind wir alle Trittbrettfahrer. Wir folgen in unserem Verhalten der Devise: Loyalität gegenüber der Moral soweit wie nötig, egoistische Nutzenmaximierung soweit wie möglich. Dies nennt man evolutionsbiologisch eine „gemischte Strategie".

Aus vielen Beobachtungen an Tieren haben die Ethologen gelernt, daß die natürliche Evolution in aller Regel Mischstrategien des Verhaltens erzeugt. Von einer Mischstrategie spricht man dann, wenn Strategie A durch die Strategie B geschwächt wird, andererseits aber Strategie B nur auf der Basis von Strategie A existieren kann. Eine genetisch determinierte Strategie ist dann evolutionär stabil, wenn in einer Population keine Strategievariante sich auf die Dauer durchsetzen kann. Nimmt zum Beispiel der Egoismus überhand, bricht die Sozietät zusammen, weil die Synergieeffekte der Kooperation verloren gehen. Aber ohne Egoismus ist die Sozietät auch nicht konkurrenzfähig, weil sie ihre volle Leistungskraft nicht ausspielen kann, wenn Versuche zur egoistischen Nutzenmaximierung nicht zugelassen werden. Deshalb gibt es in der realen Welt (auf die Dauer) weder Kommunismus noch ungezügelten Kapitalismus. Die soziale Marktwirtschaft kommt einer evolutionsstabilen Mischstrategie recht nahe.

Ich fasse dieses Thema zusammen:

Der Mensch ist auf gemischte Verhaltensstrategien und damit auf Interessenkonflikte hin angelegt: Altruismus und Eigennutz, Vertrauen und Mißtrauen, Liebe und Haß, Verzicht und Bereicherung, Mitleid und Schadenfreude, Milde und Gewalttätigkeit, Empathie und Borniertheit – wir tragen jeweils beides in unseren Genen (wenn auch mit individuell unterschiedlicher Stärke). Was sich nach außen manifestiert, ist eine kontextabhängige Elastizität unseres Verhaltens.

Die Kulturgeschichte bietet viele Beispiele für das kontextabhängige Funktionieren gemischter Strategien. Betrachten wir das Paar Wahrhaftigkeit/Lüge. Seit den Anfängen unserer Kultur gelten Wahrhaftigkeit und Ehrlichkeit als Tugenden („Du sollst gegen deinen Nächsten kein falsches Zeugnis ablegen", „Lügen haben kurze Beine", „Ehrlich währt am längsten"), aber im Fall von Odysseus war das Attribut „listenreich" keineswegs ehrenrührig. Erst allmählich in der Kulturgeschichte (und Etymologie) entwickelte „List" einen üblen Nebensinn. Aus der bewundernswürdigen Täuschung („Kriegslist") wurden Arglist und Hinterlist. Derzeit beobachten wir in Deutschland den gegenläufigen Trend, besonders bei der moralischen Einstellung zu Institutionen der Solidargemeinschaft. Die moralische Bewertung von Ladendiebstahl, Versicherungsbetrug, Steuerhinterziehung oder Mißbrauch von Sozialleistungen hat sich gravierend verändert. Der Anteil der Bevölkerung, der diese Delikte strikt verurteilt, ist in den letzten Jahren steil gesunken. Der listenreiche Odysseus läßt grüßen!

7.5 Meme und Mesokosmos

Die evolutionäre Erkenntnistheorie läßt uns verstehen, weshalb unser Geist letztlich bei der Reflexion über sich selbst versagt (Kapitel 2.4). Dafür ist er nicht gemacht. Der ‚Geist' wurde von der Evolution geschaffen, um über die Welt der mittleren Dimension nachzudenken, nicht über sich selbst. In der Evolution hatte der Geist nur instrumentellen Charakter. In der Steinzeit gab es keinen selektiven Bonus für Erkenntnistheorie. Auch die Meme sind und bleiben mesokosmisch. Unsere ganze Kultur ist mesokosmisch. Der Versuch, die mesokosmische Provinzialität zu überwinden, stößt allenthalben auf unüberwindliche Schwierigkeiten (Kapitel 2.4).

Der Memenkomplex ‚Wissenschaft' hat allerdings die Grenzen, die dem menschlichen Geist gesetzt sind, gewaltig verschoben. Zu recht gilt die Wissenschaft als die überragende Innovation der neueren Kulturgeschichte. Im Gegensatz zu Religionen und Mythen verfügt der Memenkomplex Wissenschaft über Methoden, um inhaltsleere, unlogische oder empirisch falsche Ideen zu verwerfen.

Die Leistungsfähigkeit der mathematischen Naturwissenschaften übersteigt unser mesokosmisch geprägtes Anschauungs- und Vorstellungsvermögen. Da die traditionellen Meme an unser Vorstellungsvermögen gebunden sind, ergeben sich Spannungen in unserem Weltbild, die prinzipiell nicht zu überwinden sind. Als Beispiel nannte ich Ihnen das wissenschaftliche Weltbild – ein Weltbild ohne Gott – und andererseits den Glauben an einen dezidiert anthropomorphen persönlichen Gott (Kapitel 3.2). Natürlich beeinflussen die kulturellen Meme das wissenschaftliche Denken. Daraus sind nicht selten Konflikte entstanden. So hat etwa die romantische Bewegung in Deutschland in der Zeit um 1830/50 die Entfaltung der exakten, reduktionistischen Wissenschaften und der daraus resultierenden Technologie behindert, zum Schaden für unser Land und für die Mehrheit seiner Menschen. Der berühmte Justus v. Liebig, seinerzeit auch international als Naturforscher und als ‚Sachwalter der Hungernden' gepriesen, nannte die romantische Bewegung schlicht eine „Pest".

Unser Welt- und Menschenbild ist voller Spannungen; wir nennen sie Aporien, unlösbar erscheinende Probleme. Als die philosophisch gravierendste Aporie gilt das Leib-Seele-Problem oder Materie-Geist-Problem: Auf der einen Seite die ungeheuren Erfolge der Neurobiologie; auf der anderen Seite das glatte Unvermögen der Philosophen. Versagt der menschliche Geist tatsächlich beim Nachdenken über sich selbst? Mein Lehrer Erwin Bünning meinte, wir sollten dies gelassen hinnehmen. Es sei Teil unserer Natur. Wir haben hingegen bereits in Kapitel 4.4 gelernt, dass der wissenschaftliche Fortschritt allem Anschein nach auch diese Aporie überwunden hat.

7.6 Kultureller Fortschritt

Und am Ende die Frage: Gibt es einen greifbaren kulturellen Fortschritt, der uns einer ‚besseren Welt' näher bringt?

Ich glaube, ja. Wir wissen heute mehr, weit mehr, als jemals Menschen vor uns gewußt haben; wir leben besser, weit besser, als jemals Menschen vor uns gelebt haben. Unsere Rechtsgrundsätze und unsere politischen Strukturen sind stabiler und gerechter als je zuvor.

Die ungeheure Erfolgsbilanz, die der Homo sapiens seit dem Neolithikum aufgemacht hat, konnte nur deshalb gelingen, weil der Mensch positiv gestaltend an seine evolutionär geprägte Disposition – an seine erste, an seine biologische Natur – angeknüpft hat. Wir können auch heute nicht über unseren genetischen Schatten springen, sicher; aber wir können das biologische Erbe des Homo sapiens immer besser mit der prägenden Kraft der kulturellen Meme in Einklang bringen. Voraussetzung ist, dass wir an den liberalen Grundüberzeugungen der Aufklärung festhalten, die sich in den Verfassungen der freiheitlichen Demokratien niedergeschlagen haben.

Eine Kardinalfrage der kulturellen Dynamik, die viele von uns bewegt, lautet: Versagt die derzeit gängige ökonomische Theorie vor dem rapiden Strukturwandel? Der Verdacht liegt nahe. Die neoklassische Wachstumstheorie untersucht vorrangig stationäre Zustände der Wirtschaft (Gleichgewichtslagen zwischen Angebot und Nachfrage). Die deterministische Modelle der Neoklassik befassen sich demgemäß mit Gleichgewichtspfaden und deren Eigenschaften. Das evolutionäre Element im Wirtschaftsgeschehen wird damit nicht angemessen erfasst. Sobald die Entwicklung der Wirtschaft und ihre Triebkräfte ins Blickfeld rücken, gewinnen die Modelle der evolutorischen Ökonomik an Bedeutung. Untersuchungsgegenstände sind hier mikro- und makroökonomische Innovationen und veränderte Nachfragepräferenzen. Diese bewirken eine Verlagerung der Investitionsschwerpunkte in der Wirtschaft und damit ein Verlassen von Gleichgewichtslagen. Die strukturelle Ähnlichkeit der evolutorischen Ökonomik mit der naturwissenschaftlich erprobten biologischen Evolutionstheorie legt einen Theorienvergleich nahe, der von beiden Seiten als wünschenswert empfunden wird. Da die Sprache der beiden Disziplinen ein ähnliches Niveau der Formalisierung erlaubt, steht einem interdisziplinären Austausch an Erkenntnissen nichts im Wege. Die Perspektiven sind faszinierend: Die biologische Evolution hat auf ihre Art in Jahrmillionen vermutlich all jene Probleme durchgespielt, die unsere ökonomische Entwicklung derzeit belasten. Die biologische Evolution lässt sich mathematisch als ein qualitativer Wachstumsprozess, als eine Optimierungsstrategie zur Anpassung der Lebewesen an eine begrenzte, an Ressourcen knappe und sich ständig wandelnde Umwelt formulieren. Die Ökonomen sind gut beraten, diese Quellen des Wissens verstärkt zu nutzen, wenn es darum geht, den ökonomischen Strukturwandel theoretisch in den Griff zu bekommen.

7.7 Die Evolution von Altruismus

Für Charles Darwin war das altruistische Verhalten im Rahmen seiner Theorie ein unlösbares Problem. Heute können wir die Entstehung von Altruismus wissenschaftlich erklären. Das von W. B. Hamilton (1964) vorgeschlagene Konzept der Gesamtfitness (inclusive fitness) erlaubt sogar eine präzise (i.e. formalisierte) Antwort.

In einfachen Worten besagt dieses Konzept, dass bei sozial lebenden Arten neben der Individual-Selektion eine Sippen-Selektion wirksam ist. Demgemäß muß die genetische Fitness eines Individuums nicht nur am Überleben und am Reproduktionserfolg seiner selbst gemessen werden, sondern auch an der Förderung der Fitness genetisch Verwandter (Sippe, kinship). Aus der Individualfitness wird inclusive fitness (Gesamt-Fitness). Eine vom Grad der Verwandtschaft abhängige Unterstützung bedeutet unter den meisten Rahmenbedingungen einen Selektionsvorteil für die Sippe: Der Sippenaltruismus zahlt sich für die Gene der kinship aus. Das Konzept der Gesamtfitness erlaubt ohne weitere Annahmen die genetische Erklärung für kooperatives Handeln, für selbstloses Verhalten und Verläßlichkeit, auch dann, wenn es für ein Individuum selbstzerstörerisch ist oder zumindest seine individuelle Fitness reduziert. Ein solches Handeln nennen wir beim Menschen altruistisch. Altruismus gilt seit jeher als ein hoher Wert. Nächstenliebe, bis hin zur Zerstörung des eigenen Lebens für seine „Brüder", spielt eine wichtige Rolle in jeder menschlichen Kultur. Sippenaltruismus ist nicht notwendigerweise auf eine Gruppe von Individuen beschränkt, die miteinander durch genetische Verwandtschaft verbunden sind. Ein „Freund" zum Beispiel ist eine Person, deren Eigenschaften und damit Gene ich hoch schätze, auch wenn ich mit der Person nicht verwandt bin. Ich behandle also einen „Freund" so, als ob er eine Person wäre, die zu meiner Sippe gehörte. Der „Freund" wird als „Bruder" angenommen und damit in die Sippe genetisch integiert. Bei vorherrschender Exogamie – der Regelfall in der Hominidenevolution – ist die Integration von Frauen ein konstitutives Element der genetischen Adoption durch die Sippe. Solidargemeinschaften, die über die genetisch verknüpfte Sippe hinausreichen, gründen sich auf unsere ebenfalls angeborene Fähigkeit zum „reziproken Altruismus". Dieses Konzept macht jene Situationen verständlich, wo ein Lebewesen ohne Ansehung des Verwandtschaftsgrads des Handlungsempfängers kooperatives Verhalten zeigt, weil es entsprechende Gegenleistungen erwartet (Tit-for-Tat-Strategie: „Wie du mir, so ich dir"). Reziproker Altruismus ist im Tierreich ähnlich populär wie unter Menschen: Wenn zum Beispiel Paviane das Fell ihrer Artgenossen säubern, erwarten sie entsprechende künftige Gegenleistungen. Werden die reziproken Altruisten enttäuscht, merken sie sich den Betrüger und verweigern ihm künftig die Fellpflege. Gibt es viele Betrüger, fällt es ihnen immer schwerer, putzwillige Artgenossen zu finden. Ihre Anzahl sinkt. Aber Betrüger behalten auch bei vorherrschendem reziproken Altruismus einen festen Platz in der Population. Dies ist darauf zurückzuführen, daß Betrüger in der biologischen und in der kulturellen Evolution auch eine *positive* Funktion haben: Massive Verstöße gegen die vorherrschende Moral erzwingen soziale Innovationen und damit evolutionären Fortschritt.

Die natürliche Evolution kennt nur einfache Formeln der altruistischen Moral:

- Unterstütze Verwandte → Sippenaltruismus
- Hilf demjenigen, der (mit hoher Wahrscheinlichkeit) später etwas für dich tun wird → reziproker Altruismus.

Was auf dieser Basis an Konstrukten dazukam, nimmt sich ebenfalls bescheiden aus:

- Genetische Adoption („Freund", „Bruder", „Frau")
- Begrenzte Solidargemeinschaften (Zweckbündnisse) auf der Grundlage eines mehr oder minder institutionalisierten reziproken Altruismus

Die Größe der kooperierenden Gruppen – und das ist für das Verständnis der kulturellen Evolution das entscheidende Argument – blieb unter diesen Umständen begrenzt. Weder die „genetische Adoption" noch der „reziproke Altruismus" lassen sich beliebig ausdehnen. Sie verbleiben im Bereich der persönlichen Erfahrung, und verlieren sich somit jenseits bestimmter Gruppengrößen.

Dies gilt, wie wir gesehen haben (Kapitel 7.2), nicht nur für unsere „Begabung" zum Altruismus. Moralen funktionieren generell nur im Nahbereich, bei geringer Komplexität mit überschaubarer Zuordnung von Ursachen, Folgen und Maßnahmen (Sanktionen).

Die Erfindung des Rechts war somit eine unabdingbare Voraussetzung kultureller Evolution. Die Ordnung der Welt durch Rechtsgrundsätze und Sanktionen bedeutet eine gewaltige Kulturleistung des Homo sapiens, dessen verhaltensbestimmendes Erbgut als Sippenmoral im Pleistozaen (Sammler und Jäger) und im postglazialen Neolithikum (Anfänge von Viehzucht und Ackerbau) entstanden ist. In die jeweilige, über Jahrtausende hinweg metaphysische *Begründung* des Rechts sind moralische Grundsätze eingeflossen. Insofern konserviert (und schützt) das Recht angeborene moralische Überzeugungen der biologischen Evolution, z.B. unser Bedürfnis nach ‚Gerechtigkeit', ‚Brüderlichkeit' und ‚Fairness'. Bei einer

Kopplung der Moral an ‚Religion' kann der Verlust der Religion auch zum Zerfall der Moral führen. Auch in dieser Situation kommt dem Recht eine rettende Funktion zu.

Der moderne Darwinismus, der von gemischten Verhaltensstrategien (Kapitel 7.2) ausgeht und um die situative Expression gemischter Verhaltensstrategien weiß, betont bei seinem Beitrag zur Entwicklung des positiven Rechts die Optimierung der Rahmenverhältnisse. Das Prinzip des Guten, das sich auf inclusive fitness und reziproken Altruismus stützen kann, kommt nur dann in praxi zum tragen, wenn dafür günstige Rahmenbedingungen vorliegen. Der ‚Nachtseite' unserer Natur lässt sich nur dadurch begegnen, dass wir die ‚Lichtseite' fördern.

Weiterführende Literatur zu 7

Blackmore, S. (2000) Die Macht der Meme. Spektrum Akademischer Verlag, Heidelberg
Dawkins, R. (2000) Der entzauberte Regenbogen. Rowohlt, Reinbek/Hamburg
Haidt, J. (2007) The new synthesis in moral psychology. Science *316*, 998–1002
Hoerster, N. (Hrsg.) (1990) Recht und Moral. Texte zur Rechtsphilosophie. Stuttgart, Reclam
Mohr, H. (1987) Natur und Moral. Wiss. Buchgesellschaft, Darmstadt
Mohr, H. (1990) Biologie und Ökonomik – Chancen für eine Interdisziplinarität. In: Schriften des Vereins für Sozialpolitik, Neue Folge, Bd. 195/1, Berlin
Mohr, H. (1999) Biologie und soziokulturelle Evolution. In: Jahrhundertwissenschaft Biologie. Die Großen Themen. (P. Sitte, Hrsg.). Beck, München
Neumann, D., Schöppe, A., Treml, A. K. (Hrsg.) (1999) Die Natur der Moral. Stuttgart, Hirzel
Okasha, S. (2006) Evolution and the Levels of Selection. Clarendon Press, Oxford
Ridley, M. (1997) Die Biologie der Tugend. Ullstein, Berlin
Sliwka, M. (2005) Denkschule Evolution. Books on Demand, Norderstedt
Spektrum der Wissenschaft. Dossier 3/2000: Evolution des Menschen
Wilson, D. S. (2002) Darwin's Cathedral: Evolution, Religion, and the Nature of Society. Univ. of Chicago Press, Chicago

8

Technikfolgenabschätzung (TA) als wissenschaftliche Disziplin

8.1 Die Ambivalenz der Technik

Technik, die praktische Anwendung des Wissens, erscheint uns ambivalent und zwiespältig. Einerseits leben wir – eingebettet in die moderne Technik – besser, weit besser als jemals Menschen vor uns gelebt haben. Andererseits sind wir verunsichert. Wir stellen uns, dringender als frühere Generationen, die Frage, wie es weitergehen soll. Der rapide technologische Wandels erscheint vielen unheimlich und nicht mehr beherrschbar. Der damit einhergehende Wertewandel kann von vielen nicht mehr verarbeitet, das heißt in das Orientierungswissen integriert werden.

Die ökologischen Aussichten verstärken die pessimistische Grundstimung: Wir waren noch nie so viele auf dem Planeten und in unserem Land, und wir haben noch nie soviel verbraucht. Wir leben von der Substanz. Wir bauen, global gesehen, weit weniger künstliches Kapital auf als wir natürliches Kapital verbrauchen. Diese ökonomische Strategie ist nicht nachhaltig. Die Sorgen, die sich viele Zeitgenossen um die Zukunft machen, wurden nicht herbeigeredet. Sie sind begründet.

Auch die politischen Strukturen bieten keinen festen Halt. Die politische Klasse, so monieren viele meiner Kollegen, komme mit Technologie und Wirtschaft nicht mehr zurecht. Das Ende des Politischen sei absehbar. Politik löse sich in Technologie und Ökonomie auf. Der Sozialstaat europäischer Prägung sei in spätestens zehn Jahren nicht mehr finanzierbar … .

Ohne Pathos lauten die Fragen:

Wie soll es konkret weitergehen? Wie werden wir künftig leben? Und von was werden wir künftig leben?

Technologische Innovation wird die Grundlage unserer Kultur und unseres Lebens bleiben. Es gibt keinen Weg zurück. Wir werden in Europa von hochwertigen technologischen Produkten leben. Dazu gibt es keine Alternative. Die Voraussetzungen dafür sind günstig: Wir verfügen über ein ungeheures Wissen und über kreative Köpfe.

Aber anstatt die Hoffnung auf neue Basisinnovationen und neue Wachstumsmodelle zu gründen richtet sich die derzeitige Kulturkritik in Europa gegen Wissenschaft und Technik. Dem *Homo investigans* – dem Wissenschaftler ebenso wie dem Ingenieur – wird die Verantwortung für die drohende Entgleisung des zivilisatorischen Fortschritts aufgebürdet. Die Krise unserer wissenschaftlich-technischen Kultur, der Umstand, dass wir das richtige Maß nicht gefunden haben, wird dem naturwissenschaftlich-technologischen Fortschritt angelastet. Der *Homo investigans* sei verantwortlich für die schmuddelige Welt unter dem Himmel der Ideen.

Die Wissenschaft hat auf die grundsätzliche Kritik an Ihrem Tun mit hoher Sensibilität reagiert. Die ethischen Implikationen der Gentechnik zum Beispiel, bis hin zu einem Moratorium, wurden von den Forschern bereits in voller Tiefe erörtert – in Asilomar 1975 – als Philosophen und Theologen das neue Zielgebiet noch gar nicht entdeckt hatten (Kapitel 6.4). Die Bevölkerungsexplosion, die drohende Energielücke, das Artensterben, das CO_2-Problem, das Ozonloch, die Störungen im Stickstoffkreislauf, die Gefährdung der Ozeane, der Umgang mit den neuen Retroviren und Prionen. ... alles wurde in der Wissenschaft überraschend schnell auch zu einem ethischen Problem. Umso dringender stellte sich die Frage: Wie geht man aus dem Blickwinkel der Wissenschaft systematisch mit diesen Themen um? Klar sind zunächst nur drei Sachverhalte:

- Wir sind, wenn wir die Zukunft gewinnen wollen, auf technischen Fortschritt angewiesen.
- Wir wissen um die Ambivalenz des technischen Fortschritts.
- Es gibt keine einfachen Antworten in einer pluralistischen Welt, in der – mit Recht – die Präferenzen und die Ziele im Streite liegen.

Einfache Maximen finden zwar Widerhall, weil sie unserer Neigungsstruktur entgegenkommen, aber sie bringen in der Sache keine Lösungen. Der Philosoph Hans Jonas zum Beispiel hat in seinem Buch „Das Prinzip Verantwortung“ die Maxime verteidigt, dass wir, wenn begründete Zweifel bestehen, in der heutigen Welt eine Handlung unterlassen müssen. Dieser Negativprognose war entgegenzuhalten, dass nicht nur das Tun, sondern auch das Unterlassen Konsequenzen hat, die es zu verantworten gilt. Die Vorherrschaft der Negativprognose – darauf haben wir uns mit Hans Jonas schließlich geeinigt – bildet bei einer Entscheidung unter Unsicherheit kein hinreichendes Kriterium für verantwortliches Handeln. Beim ethischen Urteil, zumal in der modernen Welt, kommt es vielmehr darauf an, dem *symmetrischen* Argument zu folgen, d.h. die Konsequenzen des Tuns und die Konsequenzen des Unterlassens mit gleicher Sorgfalt zu prüfen und sich dann als Individuum, als juristische Person oder als politisches Kollektiv verantwortlich zu entscheiden.

Angewendet auf die aktuelle Gentechnik: Es genügt eben nicht, immer wieder zu prüfen, welche sachlichen und ethischen (Rest-)Risiken wir eventuell eingehen, wenn wir Gentechnik betreiben; man muss mit derselben Sorgfalt die Frage auf den Prüfstand bringen, welche Versäumnisse – sachliche und ethische – wir in Kauf nehmen, wenn wir auf Gentechnik in Medizin und Landwirtschaft verzichten. Die Vorherrschaft der Negativprognose – um dies nochmals zu betonen – bildet bei einer Entscheidung unter Unsicherheit kein hinreichendes Kriterium für verantwortliches Handeln.

8.2 Die Zielsetzung der Technikfolgenabschätzung

Eine neue wissenschaftliche Disziplin, von der man frische Konzepte in Richtung einer vernünftigen Steuerung der Technikgenese erwartet, ist die Technikfolgenabschätzung, technology assessment, TA. Technik, die praktische Anwendung unseres Wissens, ist immer ambivalent. Technikfolgenabschätzung hat demgemäß die Aufgabe, die erwünschten und die unerwünschten Technikfolgen, die Chancen und Risiken, zu beurteilen, vorrangig mit dem Ziel, die Rationalität politischer und individueller Entscheidungen zu erhöhen.

Dem Wildwuchs der Techniken, aber auch einer verwilderten Technikkritik, sollen rational begründete Ordnungsparameter einer Technikgenese entgegengesetzt werden. Als Leitsatz gilt, dass die neuen Technologien „besser" sein sollen als die alten. Damit ist nicht nur die wissenschaftliche Dimension angesprochen, sondern ebenso die Sozial- und Umweltverträglichkeit einer Technologie. Technikfolgenabschätzung hat also nicht nur die Aufgabe, die Auswirkungen vorhandener und absehbarer Technologien systematisch zu untersuchen, sondern darüber hinaus die Interdependenzen zwischen technischen und gesellschaftlichen Entwicklungen zu beurteilen.

Technikfolgenabschätzung, wie wir sie verstehen, ist eine genuin wissenschaftliche Disziplin. Sie richtet sich nach den Standards der Wissenschaft, aber Technikfolgenabschätzung ist eben keine allein wissenschaftliche Herausforderung. Sie setzt zwar wissenschaftliche Kompetenz und wissenschaftliches Procedere voraus, doch stellt sie zugleich eine gesellschaftliche Aufgabe dar, die in der Politikberatung und im Diskurs mit der Öffentlichkeit bewältigt werden muss. Das bedeutet, dass im Falle der Technikfolgenabschätzung eine wissenschaftlich orientierte Analyse durch einen nach außen gerichteten Diskurs ergänzt werden muss. Ohne eine derartige Ergänzung bliebe die Technikfolgenabschätzung ein gesellschaftlich weitgehend unverbindliches Element einer Selbsterforschung von Technik und Wissenschaft.

In den 90er Jahren haben wir in der TA-Akademie Stuttgart ein breites Themenspektrum bearbeitet, von den Optionen einer nachhaltigen Energieversorgung über die Strategien beim Umgang mit Wasser, Luft und Boden bis hin zu den Problemen, die sich aus dem Zwang zu einer verbesserten Pflege des Humankapitals in der modernen Wissensgesellschaft ergeben. Das meiste, was die PISA-Studie dieser Tage ins öffentliche Bewusstsein befördert hat, wussten wir bereits vor 10 Jahren. Eine breit angelegte internationale Studie zum Thema: Der überlastete Stickstoffkreislauf/Strategien einer Korrektur hat unsere intellektuellen und monetären Ressourcen ebenso beansprucht wie die von der Politik angeregten ad hoc-Untersuchungen zum Ozonproblem und zum Reizthema Elektrosmog. Die Behandlung des Themas ‚Lebensmittel im Wandel' führte uns zwangsläufig hin zur neuen Biotechnologie und zur Gentechnik. Ein wahrhaft weites Feld. Als regulative Idee, oder Leitidee, diente das Konzept der Nachhaltigkeit: Wie können wir die technologische Entwicklung so gestalten, dass eine nachhaltige, d. h. auf

Dauer angelegte Entwicklung resultiert, die den wünschenswerten ökologischen und sozialen Rahmenbedingungen gerecht wird.

Unsere Studien in den verschiedenen Technikfeldern folgten einem ähnlichen Schema:

- An die Experten aus Wissenschaft und Technologie erging die Frage: Was ist überhaupt möglich?
- An die Experten aus der Wirtschaft richteten wir die Frage: Was von dem, was möglich ist, ist umsetzbar?
- An die Experten aus Sozialphilosophie und praktischer Ethik lautete die Frage: Was von dem, was umsetzbar ist, ist wünschenswert.

Ich werde Ihnen dieses Vorgehen gegen Ende des Kapitels am Beispiel Gentechnik-gestützter Biotechnologie exemplifizieren. Zunächst geht es mir darum, die problematischen Seiten der TA anzusprechen.

Technikfolgenabschätzung (TA) hat sich nämlich in praxi als unerwartet schwierig erwiesen. Einige Gründe dafür will ich kurz besprechen:

TA „lebt" von der fachlichen Kompetenz und vom Ansehen der beteiligten Experten. Deshalb ist TA sehr anfällig gegenüber dem ‚Expertendilemma'. Damit meint man den Umstand, dass zu einem Problem verschiedene Expertenmeinungen eingeholt werden, die zu unterschiedlichen Resultaten gelangen. Die Öffentlichkeit gewinnt bei einer solchen Sachlage leicht den Eindruck, wissenschaftliche Rationalität sei eine höchst fragwürdige Instanz. In den letzten Jahren wurden mehrere Verfahren entwickelt – bis hin zur Konvergenzstrategie und zur Metaanalyse –, die es erlauben, dem wissenschaftsinternen Expertendilemma beizukommen. Die politische Variante des Expertendilemmas – ein Expertenurteil wird von politischen Überzeugungen oder Rücksichten bestimmt – stellt jedoch für die TA als Wissenschaft nach wie vor eine Belastung dar, auch in unserem Land. Die Politik erhöht diese Belastung, indem sie politische Präferenzen bei der Auswahl der Experten honoriert.

Ein Exempel hat die Landwirtschaftsministerin Renate Künast zu Beginn ihrer Amtszeit in der rot-grünen Koalition statuiert. Sie wollte im Beirat ihres Ministeriums Wissenschaftler unterbringen, die ihre Auffassung von der künftigen Struktur der Landwirtschaft in Deutschland teilen. Bisher hatte sich der Beirat – wie üblich – selbst ergänzt und dabei auf wissenschaftliche Qualifikation gesetzt. Am 22. November 2001 hat der Beirat geschlossen seinen Rücktritt erklärt.

Die TA-Arbeit vollzieht sich an der Nahtstelle zwischen Wissenschaft und Politik (Öffentlichkeit). Dabei kommt es zwangsläufig zu Konfliktsituationen. Es geht bei TA-Studien natürlich nicht darum, bestimmten (politischen) Auffassungen entgegenzukommen. Unsere Aufgabe kann nur darin bestehen, nach den Standards der Wissenschaft herauszufinden, was tatsächlich (wahrscheinlich, vermutlich) der Fall ist oder der Fall sein wird und dieses Wissen angemessen zu kommunizieren, unbeirrt von äußeren Rücksichten. Dies schließt die Verpflichtung ein, unzutreffende Meinungen über Sachverhalte explizit mit dem Verweis auf Expertenwissen zu korrigieren. Dabei müssen wir in Kauf nehmen, daß wir in Expertendilemmata verwickelt werden und daß betroffene Einzelpersonen, gesellschaftliche Gruppierungen oder Ministerien sich mit Methoden zur Wehr setzen, auf die wir als Wissenschaftler nicht eingestellt sind.

Die dritte Schwierigkeit: Gesellschaftliche Gruppen, die den Zukunftstechnologien skeptisch oder abweisend gegenüberstehen, fordern eine Mitwirkung an TA-Projekten. Wie läßt sich eine Partizipation von Nicht-Fachleuten in der TA-Praxis gestalten ohne dass man die Experten verprellt?

Für den Wissenschaftler ist der Umgang mit politischen Gremien und gesellschaftlichen Gruppen meist schwierig. Die ihm vertrauten Spielregeln der scientific community gelten nicht mehr. Eine Diskurskultur, dem wissenschaftlichen „Workshop" vergleichbar, ist nicht etabliert. Die emotional geprägten Debatten kosten Zeit und Nerven.

Wir können uns leicht darauf einigen, daß die Technik menschengerecht und sozial verträglich sein soll. Der endlose Streit beginnt jedoch bei der Frage, was ‚menschengerecht' und ‚sozialverträglich' tatsächlich bedeuten.

Ein Beispiel: Bei der landwirtschaftlichen Produktion und besonders bei der Lebensmittelherstellung hält die reservierte oder ablehnende Haltung der deutschen Bevölkerung gegenüber gentechnischen Verfahren an. Für den Fachmann sind die Argumente, die auf dem Lebensmittelsektor zur Akzeptanzverweigerung führen, nur schwer nachzuvollziehen. Natürlich stellen Lebensmittel, bei deren Produktion gentechnische Verfahren eine Rolle spielen, keine Gefahr für den Menschen dar, sonst würden aufgrund der Rechtslage in unserem Land diese Lebensmittel ja nicht zugelassen. Aber die Vorstellung, gentechnische Verfahren in der Lebensmittelproduktion bildeten eine Gefahrenquelle, läßt sich durch Sachargumente derzeit kaum beeinflußen. Es genügt nicht, den Leuten unser überlegenes Wissen vorzuzeigen. Die Experten müssen vielmehr ein Klima des Vertrauens schaffen und neue Formen einer behutsamen Aufklärung entwickeln. Für die Vertrauensbildung spielen Emotionen eine ebenso wichtige Rolle wie das rationale Argument.

Die vielleicht größte Schwierigkeit bei der partizipativen Technikfolgenabschätzung ergibt sich aus dem folgenden Gegensatz. Einerseits wird gefordert: „Demokratische Technikgestaltung verlangt die Beteiligung der Betroffenen". Frei nach Jürgen Habermas: Diskurse leben von der egalitären Position der am Diskurs beteiligten Personen und vertrauen auf die Kraft der Argumente im gegenseitigen Dialog.

Andererseits ist das implizierte Sachwissen, auf das sich triftige Argumente gründen, ein Expertenwissen geblieben. Es ist dem Sachwissen nicht gelungen, sich angemessen im Bildungskanon zu verankern. Die meisten Menschen wissen kaum etwas von den technologischen Kräften, von denen sie täglich leben und um die es in der Akzeptanzdebatte letztlich geht.

Die kollektive Verweigerung gegenüber dem Sachwissen hat Konsequenzen für die Qualität des öffentlichen Diskurses: Betroffenheit tritt an die Stelle von Kompetenz und Urteilsfähigkeit. Das entscheidende Postulat der Diskursethik, daß jeder Diskursteilnehmer als gleichberechtigte Person akzeptiert wird („ideale Kommunikationsgemeinschaft“ nach K.-O. Apel), erweist sich als unrealistisch. Trotzdem, im Endeffekt komme ich zu dem gleichen Schluß wie mein Berliner Kollege Wolfgang van den Daele: „Man muß damit rechnen, daß Konflikt, und nicht proplemlose Akzeptanz und Harmonie, der gesellschaftliche Normalzustand innovativer Technik sein wird. Die Formen der Partizipation und der öffentlichen Thematisierung wissenschaftlich-technischer Innovationen müssen überdacht und verbessert, nicht aber abgeschafft werden.“

Die diskursive Kommunikation der Ergebnisse der TA-Akademie hat uns in der Bilanz viele Enttäuschungen gebracht. Diskurse können dort keinen Erfolg bringen, d.h. zu einer Konvergenz der Standpunkte beitragen, wo die Teilnehmer prinzipiell nicht bereit sind, ihre Überzeugungen und Gewißheiten zur Disposition zu stellen. Wenn die Meinungen bereits derart polarisiert sind, daß eine Änderung gleichbedeutend mit dem Verlust an Selbstachtung oder einem Ausschluß aus der sozialen Gruppe wäre, sind unsere Chancen minimal.

So erklärte mir eine Bonner Politikerin, als sie eine Diskursveranstaltung zur Gentechnik ostentativ verließ: „Ich kann es mir nicht leisten, von Ihnen Dinge zu lernen, die ich meiner Klientel prinzipiell nicht vermitteln kann.“

Ob die Ergebnisse einer TA-Studie also überhaupt in die Alltagsroutine einer Partei eindringen können, hängt nicht von ihrer wissenschaftlichen Güte, sondern davon ab, ob sie in das vorgeprägte Überzeugungsmuster passen oder nicht.

Dies gilt nicht nur für politische Parteien, sondern auch für andere gesellschaftliche Akteure: Kirchen, Gewerkschaften, Umweltverbände, Unternehmen. Die mit einer prinzipiellen Ablehnung unserer wissenschaftlichen Argumente einhergehende persönliche Diffamierung gehört zu den bitteren Erfahrungen meiner TA-Arbeit. Darauf ist man als Wissenschaftler nicht vorbereitet.

Ein letzter Punkt:

Technikfolgenabschätzung leidet unter überhöhten Erwartungen. Aus meiner Sicht kann Technikfolgenabschätzung keine Strategie vorauseilender Konfliktvermeidung sein, wie manche hoffen. Natürlich möchten wir verhindern, daß gesellschaftliche Konflikte, Beispiele sind Kernenergie oder Gentechnik, eskalieren, aber nicht auf Kosten oder unter Preisgabe wissenschaftlicher Erkenntnis. Es kann auch nicht darum gehen, die Technikentwicklung um jeden Preis der faktischen Meinungslage anzupassen. Dazu bräuchte man keine Technikfolgenabschätzung, sondern Demoskopie im Stil des Politbarometers. Für eine TA, die tatsächlich einen konstruktiven Beitrag zur Technikgenese leisten kann, ist die strenge Wissenschaftsbindung essentiell. Wir sind entweder Teil einer autonomen Wissenschaft, oder wir sind eine belanglose Flöte im politischen Konzert.

Meine Hoffnung ist es, daß sachverständige Technikfolgenabschätzung, deren politische Neutralität respektiert wird, immer mehr dazu beitragen wird, den politischen Technikstreit, der uns auf wichtigen Feldern lähmt und unsere Zukunft gefährdet, durch eine „Erwägungskultur“ zu ersetzen, in der dem kompetenten Urteil die tragende Rolle zukommt.

In der Öffentlichkeit muß die Einsicht vermittelt werden, daß wir uns weltweit wirksamen technologischen Innovationen nicht entziehen können; gleichzeitig aber muß das Vertrauen gestärkt werden, daß wir in unserem Lande in der Lage sind, die Innovationsschübe technisch, sozial und moralisch zu beherrschen.

Dies gilt auch für die umstrittene Gentechnik (Kapitel 6.4), der wir bereits Anfang der 90er-Jahre eine umfassende Expertenstudie gewidmet haben. Mit diesem konkreten Beispiel will ich meine Ausführungen zur TA zusammenfassen.

8.3 Gentechnik im Visier der Technikfolgenabschätzung

Auch bei diesem Projekt ging es um mehr als um eine rein naturwissenschaftlich-technologische Wenn-Dann-Analyse. Bei der Untersuchung mußte vielmehr der ökonomische, rechtliche und sozialwissenschaftliche Flankenschutz gewährleistet sein.

Dementsprechend wurde ein breites Spektrum an Experten aus Wissenschaft, Wirtschaft und praktischer Philosophie um ihre Mitwirkung gebeten. Die 34 Experten wurden – wie bei anderen Projekten auch – nach Kompetenz und wissenschaftlichem Rang ausgewählt. Das Arbeitsthema lautete: Neue Biotechnologie – eine Chance für neue Industrien? An die Fachleute aus der Wissenschaft erging auch in diesem Fall die Frage: Was ist überhaupt möglich? Für die Fachleute aus der Wirtschaft lautete die Frage: Was von dem, was möglich ist, ist umsetzbar? – Und an die Fachleute aus den Sozialwissenschaften und der praktischen Philosophie stellten wir die Frage: Was von dem, was umsetzbar ist, ist wünschenswert?

Die Verknüpfung von Expertenwissen in dieser interdisziplinären Breite bedarf spezieller Verfahren des wissenschaftlichen Diskurses. Dazu gehört eine Konvergenzstrategie, die auf dem klassischen Delphiverfahren aufbaut. Das Delphi-Verfahren ist eine Form der mehrstufigen Expertenbefragung, die bereits in den vierziger Jahren von der RAND-Corporation entwickelt wurde. Das Ziel ist die konvergierende Zusammenführung von Expertenmeinungen. Man geht davon aus, daß sich die Spannweite der Expertenmeinungen mit der Zeit verengt, weil sich die überzeugendsten Argumente in dem Kreis der Befragten allmählich durchsetzen. In einem mehrfach rückgekoppelten Prozeß wurde dies von uns in Form von iterativen, über mehrere Stufen verbesserten Gutachten und zusammenführenden Expertengesprächen („Workshops“) mit Erfolg organisiert. So entstand schließlich unsere Studie „Biotechnologie – Gentechnik. Eine Chance für neue Industrien“.

Die Ergebnisse der Studie lassen sich wie folgt zusammenfassen:

- Gentechnik-gestützte Biotechnologie ist im Prinzip akzeptabel.
- Es besteht ein akuter Bedarf an Gentechnik, vor allem bei der Entwicklung neuer Medikamente und in der Pflanzenzüchtung.
- Kosten-/Nutzen- und Risikoanalysen müssen produkt- und verfahrensspezifisch erstellt werden, wie bei anderen Technologien auch.

- Es ist mit unterschiedlicher öffentlicher Akzeptanz zu rechnen, z.B. bei Medikamenten, Enzymen, nachwachsenden Rohstoffen, Lebensmitteln.

Erst mit der Rückendeckung der Expertenrunde sind wir in einer zweiten Projektphase zugunsten der neuen Biotechnologie in den öffentlichen Diskurs und in die Politikberatung eingetreten, dann allerdings mit der angemessenen Bestimmtheit und mit erheblichem Erfolg. Unsere Politikberatung hat in Bonn zu den Empfehlungen des Technologierats und zu dem Bioregionenkonzept geführt; regional konnten wir die Einrichtung einer Biotechnologie-Agentur durch die Landesregierung erreichen, während die intensive Beratung von Verbänden und gesellschaftlichen Gruppen sowie der öffentliche Diskurs über Bürgerforen das Verständnis für die neue Biotechnologie im Lande wesentlich, vielleicht sogar entscheidend gefördert hat. Ohne diese Studie gäbe es vermutlich kein Biovalley.

Natürlich läßt sich der Beweis einer hundertprozentigen Risikolosigkeit für die Gentechnik ebensowenig führen wie für andere Technologien. Was sich aber vom Standpunkt der Wissenschaft aus sagen läßt, ist dies: Bisher sind keine realen Risiken bekannt geworden und die hypothetischen Risiken, die von apriorischen Kritikern der Gentechnik unter die Leute gebracht wurden, haben sich nicht bestätigt. Bei einem verantwortungsbewußten Umgang mit der Gentechnik, wie er in Deutschland aufgrund der Rechtslage und der bisherigen Praxis vorausgesetzt werden kann, sind von ihr keine bedrohlichen Risiken zu befürchten. Die Risiken, die den klassischen biotechnologischen Verfahren von Natur aus anhaften, werden sich durch den Einsatz gentechnischer Methoden eher vermindern. Den hypothetischen Risiken, die dem Einsatz der Gentechnik zugeschrieben werden, sind in jedem Fall die realen Risiken eines Verzichts auf Gentechnik gegenüber zu stellen: Ein Verzicht dürfte zu weit höheren Risiken führen als ein verantwortungsbewußter Einsatz.

Nach geltendem deutschen Recht muß man Risiken begründen, wenn man eine Technik verhindern will. Diese Regelung begünstigt Innovationen. Die Umkehr der Beweislast macht Innovation schlichtweg zunichte. „Die nicht weiter begründungspflichtige Vermutung, daß eine Technik mit verborgenen, noch unbekannten Risiken verbunden sein könnte, kann immer erhoben werden und ist grundsätzlich nicht zu widerlegen" (Wolfgang van den Daele).

Weiterführende Literatur zu 8

Bullinger, H. J. (Hrsg.) (1994) Technikfolgenabschätzung. Teubner, Stuttgart

Grunwald, A. (Hrsg.) (1998) Rationale Technikfolgenbeurteilung. Springer, Heidelberg

Mohr, H. (1997) Die Akademie für Technikfolgenabschätzung in Baden Württemberg. In: Technikfolgenabschätzung als politische Aufgabe, 3. Auflage (Graf von Westphalen, R., Hrsg.). Oldenbourg, München

Mohr, H. (1998) Technikfolgenabschätzung in Theorie und Praxis. Schriften der Mathematisch-naturwissenschaftlichen Klasse der Heidelberger Akademie der Wissenschaften, Nr. 3. Springer, Heidelberg

Mohr, H. (1999) Wissen – Prinzip und Ressource. Kapitel 7: Technikfolgenabschätzung in Theorie und Praxis. Springer, Heidelberg
Nennen, H.-U., Garbe, D. (Hrsg.) (1996) Das Expertendilemma – Zur Rolle wissenschaftlicher Gutachten in der öffentlichen Meinungsbildung. Springer, Heidelberg
Schell, Th. von, Mohr, H. (Hrsg.) (1995) Biotechnologie – Gentechnik. Eine Chance für neue Industrien. Springer, Heidelberg

9 Akzeptanz des Wissens

9.1 Der Hintergrund

Es hat sich in der Wissenstheorie als günstig erwiesen, zwischen theoretisch-kognitivem Wissen und Verfügungswissen kategorial zu unterscheiden (Kapitel 1.2). Theoretisch-kognitives Wissen gibt uns eine Antwort auf die Fragen „Was ist tatsächlich der Fall?“, „Wie funktioniert und wie entstand die Welt?“, „Was ist und woher kommt der Mensch?“

Theoretisch-kognitives Wissen ist das Ergebnis wissenschaftlicher Arbeit. Von der Wissenschaft erwarten wir, dass sie objektives, empirisch gesichertes Wissen (reliable knowledge) hervorbringt. Verfügungswissen ist kognitives Wissen, das in unsere Lebenspraxis einfließt. Es gibt uns eine Antwort auf die Frage „Wie kann ich etwas, was ich tun will, tun?“ Verfügungswissen besitzen bedeutet ‚machen können‘ – und in diesem Sinn bedeutet Verfügungswissen ‚Macht‘.

Zwei Thesen: Das hohe Prestige, das die modernen Natur- und Technikwissenschaften genießen, ist darauf zurückzuführen, dass sie tatsächlich in der Lage sind, objektives kognitives Wissen und verlässliches Verfügungswissen bereitzustellen. Und weiterhin: Wissenschaftlich begründetes Verfügungswissen und darauf aufbauende technologische Innovation bilden die Grundlage unserer Kultur. Wir leben besser, weit besser als jemals Menschen vor uns gelebt haben.

Jetzt die Frage dieses Kapitels: „Wie begegnen die Menschen um uns herum dem kognitiven Wissen und dem Verfügungswissen unserer Zeit?“

9.2 Philosophie und Naturwissenschaften

Die Konfrontation zwischen Philosophie und den positiven Wissenschaften scheint entschieden. Der Philosoph Vittorio Hösle schreibt in seinem Buch ‚Die Philosophie und die Wissenschaften‘: „Es ist eine der größten Demütigungen der Philosophie des 20. Jahrhunderts, dass es ihr immer schwerer, wenn nicht gar unmöglich geworden ist, die Fortschritte in den Naturwissenschaften auch nur rudimentär zu verstehen“ ... „In der Tat“ – so führt er weiter aus – „kann kaum ein ernsthafter Zweifel daran bestehen, dass die Naturwissenschaft heute im allgemeinen Bewusstsein weitaus eher als Trägerin umfassender weltanschaulicher Ansprüche gilt als die Philosophie ...“

Aus meiner Erfahrung an der Nahtstelle zwischen Wissenschaft und Philosophie kann ich bestätigen, dass Hösle die Situation der Philosophie richtig beschreibt und einschätzt. Die moderne Kosmologie besagt in der Tat, dass alle philosophischen Versuche – auch die hermeneutischen – ungeeignet sind, sich die Herkunft und die Zukunft der Welt vorzustellen. Die Kritik der postmodernen Philosophie an den positiven Wissenschaften ging ins Leere. Sokal und Bricmont gelangen bei ihrer Evaluierung der postmodernen ‚Science Studies' zu dem Ergebnis, es handle sich um eleganten, gelegentlich karnevalesken Unsinn. Diese Einschätzung wird wohl von den meisten Naturwissenschaftlern geteilt, die den Versuch gemacht haben, in das Denken der postmodernen Philosophen einzudringen.

Aber Philosophie ist mehr, weit mehr als ein postmodernes Glasperlenspiel. Einige der klassischen Teildisziplinen – Logik, Erkenntnistheorie, Wissenschaftstheorie, Ethik, Ästhetik – werden ihre hohe Bedeutung behalten, allerdings in enger Bindung an moderne wissenschaftliche Fächer. Das Interesse an anderen klassischen Teildisziplinen der Philosophie wie Ontologie – Prinzipien und/oder Ursachen des Seienden, Metaphysik – Lehre vom Transzendenten, und philosophische Anthropologie wird vermutlich erlöschen. Auch die Theologie im engeren Sinn als die Lehre von Gott wird aus dem Kanon der **wissenschaftlichen** Disziplinen ausscheiden. Traditionelle Aufgaben der Theologie im weiteren Sinn – Auslegung der klassischen Texte, einschlägige Philologie, Religionsgeschichte, Kirchengeschichte – werden heute bereits im Kontext der benachbarten geisteswissenschaftlichen Fächer wahrgenommen. Die Frage, wie religiös oder konfessionell geprägte Positionen in einer pluralen Gesellschaft zur Sprache – und damit zur Geltung – gebracht werden können, ist längst keine wissenschaftstheoretische Frage mehr, sondern eine politische (Kapitel 10.3).

Der Geltungsanspruch der Naturwissenschaften in der modernen Universität wird lediglich durch die gesellschaftliche Anerkennung gedämpft, die den handlungsrelevanten Rechtswissenschaften entgegengebracht wird. Deren Status ist durch eine weltliche Autorität bestimmt, die man (in der Regel) der zeitgenössischen Philosophie nicht mehr zubilligt. „Wozu taugt die Philosophie, sofern sie überhaupt einen Nutzen stiftet" (Richard Rorty).

9.3 Öffentlichkeit und Naturwissenschaften

Wir dürfen aber aus dem Desaster der Postmoderne nicht den Schluß ziehen, die Menschen um uns – als Träger des allgemeinen Bewusstseins – vertrauten auf das *kognitive* Wissen unserer Zeit und akzeptierten es als Basis ihres Weltbildes. Unsere Mitbürger sind in ihrer Mehrzahl an diesem Wissen nicht ernsthaft interessiert. Viele Wissenschaftler haben die Erfahrung gemacht, dass ihr Publikum eigentlich gar nichts über Struktur, Inhalt und Bedeutung ihrer Disziplinen **wissen** will, sondern eher nach Trost und Lebenshilfe verlangt.

Mehr als 50% der deutschen Bevölkerung glauben an Astrologie, während nur eine Handvoll der Befragten in der Lage waren, eine Galaxie zu definieren. Der

Großraum Stuttgart gehört zu den führenden wissenschaftlich-technischen Regionen der Welt. Aber nur jeder 16. erwachsene Einwohner verfügte 1996 über jene Grundkenntnisse in Genetik, die erforderlich sind, um wenigstens die einfachsten gentechnischen Sachverhalte und Probleme zu verstehen.

Die aktuelle Stammzellen-Diskussion ist ein beklemmendes Beispiel für die trostlose sachliche Inkompetenz der Öffentlichkeit, auch der politischen Öffentlichkeit. „Da siegt das unverdaute Zeug über jede Differenzierung, ein makabres Feuilleton über sachlich und wissenschaftlich informiertes Argumentieren“ (J. Mittelstraß).

Eine stetig wachsende Zahl von Menschen verliert den Zugang zum gegenwärtig Wißbaren, in der Regel durch eigenes Versagen. Wenn Wissen mit Mündigkeit zu tun hat, so bedeutet dies die Entmündigung – Selbstentmündigung – einer rasch wachsenden Zahl von Menschen.

Man sollte meinen, die Situation ändere sich, wenn es um das aktuelle Verfügungswissen geht. Aber dies ist nicht der Fall.

Das Verfügungswissen interessiert die meisten Menschen lediglich dann, wenn es unmittelbar ihren beruflichen Interessen oder ihrer Gesundheit dient. Ein generell vermehrtes Angebot an Verfügungswissen, beispielsweise über das Internet, geht einher mit der verstärkten Verbreitung von Aberglauben und schlichtem Unsinn; besonders augenfällig bei medizinischen Fragen, bei Energieproblemen oder Umweltrisiken. Das moderne Wissensmanagement der Wirtschaft (Kapitel 5.2) wird vom allgemeinen Bewusstsein nicht angenommen. Verfügungswissen wird häufig abgewiesen, wenn es nicht in das vorgeprägte Überzeugungsmuster passt.

Wie kann unter diesen Umständen überhaupt eine Demokratie funktionieren?

Gute, nachhaltige Politik *muß* natürlich mit dem Verfügungswissen verträglich sein. Bereits mittelfristig lässt sich ein genereller Mangel an kognitivem Wissen und der gezielte Abweis von Verfügungswissen durch die politische Klasse in der praktischen Politik nicht durchhalten.

Eine mögliche Lösung für Deutschland wäre die Entwicklung eines in der Verfassung verankerten Ordnungsmodells zur Einführung unabhängigen wissenschaftlich-technologischen Sachverstandes in die politische Entscheidungsfindung. Der Umgang der politischen Akteure mit dem Verfügungswissen unserer Zeit muß durch klare Verfassungsartikel bestimmt sein (s. Mohr 2006).

Wir stehen vor der Notwendigkeit, den Fortschritt, z.B. die Globalisierung, bewusst zu gestalten. Die Unsicherheit ist groß. Wir wissen nur eines: Jede künftige Welt wird durch Wissen und Technologie geprägt sein. Umso mehr sind wir darauf angewiesen, dass die Menschen das theoretisch-kognitive Wissen in ihr Weltbild einbauen und sich dem Verfügungswissen unserer Zeit öffnen. Dies gilt besonders für die Philosophie und für die Feuilletons. Aber am meisten gefordert ist die Wissenschaft selber. Wissenschaft muss sich selbst erklären und den Fortschritt des Wissens angemessen vermitteln.

Weiterführende Literatur zu 9

Hösle, V. (2000) Die Philosophie und die Wissenschaften. Beck, München

Mittelstraß, J. (2001) Wissenschaftskommunikation: Woran scheitert sie? Spektrum der Wissenschaft, August 2001, 82–89

Mohr, H. (2000) Wissensmanagement. Wissenschaft und Verantwortung *9*, Nr. 2, 46–51

Mohr, H. (2001) Über die Bedeutung der Hermeneutik in den Naturwissenschaften. Naturwiss. Rundschau *54*, 192–195

Mohr, H. (2006) Plädoyer für einen neuen Verfassungartikel. Kapitel 16 in: Wissen und Demokratie. Rombach, Freiburg i. Br.

Schleichert, H. (1997) Wie man mit Fundamentalisten diskutiert, ohne den Verstand zu verlieren. Beck, München

Sokal, A., Bricmont, J. (1999) Eleganter Unsinn. Wie die Denker der Postmoderne die Wissenschaft missbrauchen. Beck, München

10

Wissenschaft und Gesellschaft

10.1 Wissenschaft und Doktrin

- Explikation der Begriffe

Wissenschaft ist die methodisch geordnete Suche nach objektiver Erkenntnis, die in Form empirisch begründeter konsensualer Sätze ihren Niederschlag findet.

Doktrin ist ein einseitig auf einen bestimmten Standpunkt festgelegtes Lehrgebäude. Auf politischem Gebiet ist ‚Doktrin' die Bezeichnung für bestimmte politische Denk- und Handlungsweisen (Parteidoktrin).

Ideologie ist ein doktrinäres, häufig antiempirisches Denkgebäude mit normativem Anspruch.

- Wissenschaft im totalitären Staat

Die Verabsolutierung einer bestimmten Ideologie führt zum totalitären Staat und damit zum Despotismus. Kein Despot, auch kein Politbüro, kann das Risiko eingehen, daß wissenschaftliche Erkenntnis an den Säulen seiner ideologischen Konstruktion rüttelt. Deshalb ist die moralische und inhaltliche Fremdbestimmung, der Verlust an Autonomie, charakteristisch für die Wissenschaft im totalitären Staat.

Adolf Hitler (1935) hat die Unterordnung der Wissenschaft unter die staatliche Macht treffend beschrieben:

„Wir stehen am Ende des Zeitalters der Vernunft. Eine neue Zeit der magischen Weltdeutung kommt herauf, der Deutung aus dem Willen und nicht dem Wissen. Es gibt keine Wahrheit, weder im wissenschaftlichen noch im moralischen Sinn. Die Wissenschaft ist ein soziales Phänomen, und wie ein jedes solches begrenzt durch den Nutzen oder Schaden, den es für die Allgemeinheit stiftet. Mit dem Schlagwort von der ‚objektiven Wissenschaft' haben sich die Herren Professoren nur von der sehr nötigen Beaufsichtigung durch die staatliche Macht befreien wollen … ."

In der Praxis hat man sich auch unter Hitler auf einen Kompromiß geeinigt. Da wissenschaftliche Erkenntnis als Grundlage für Technik unentbehrlich war, ließ man weite Bereiche der Wissenschaft in einer Art „Naturschutzpark" existieren, z.B. die weltberühmten Institute der Kaiser-Wilhelm-Gesellschaft. Innerhalb des Zauns wurde Gedankenfreiheit gewährt, allerdings „Gedankenfreiheit auf Widerruf".

• Wissenschaft und kirchliche Doktrin

Der Konflikt zwischen Wissenschaft und weltanschaulicher Doktrin ist unvermeidlich. Der Fall Galilei enthält alle Elemente, die man braucht, um den prinzipiellen Konflikt zwischen Wissenschaft und (in diesem Fall, kirchlicher) Doktrin zu verstehen.

Galilei hat das Experiment, die geplante und kontrollierte Beobachtung, in die Wissenschaft eingeführt (Kapitel 3.4). Seitdem gilt in den Naturwissenschaften als maßgebend für die Zuverlässigkeit einer Theorie die Übereinstimmung der Theorie mit den relevanten experimentellen Beobachtungen. In der auf das ‚Experiment' oder die ‚kontrollierte Beobachtung' gegründeten wissenschaftlichen Methode haben die Naturwissenschaften ein Denksystem aufgebaut, innerhalb dessen relativ leicht entschieden werden kann, ob ein Satz zuverlässig („richtig", „wahr") ist oder nicht. Galilei geriet mit seiner neuen Denkweise in Konflikt mit der damals herrschenden Kirche, die aus Dogmen und Aussagen von Autoritäten ein spekulatives Weltbild von imponierender Geschlossenheit konstruiert hatte. Dieses Weltbild bezog sich natürlich auch auf jene Bereiche, in denen Galilei experimentell begründete Aussagen machte. Was die Repräsentanten der Kirche, schließlich auch Papst Urban VIII., gegen Galilei aufbrachte, war vermutlich nicht in erster Linie das von Galilei propagierte kopernikanische Weltbild, sondern die Abkehr vom Aristotelismus, der Umstand, daß Galilei mehr an die ‚Macht des Experiments' glaubte als an Autoritäten.

Mit allen Mitteln repressiver Macht erklärte die damalige Kirche, daß dem Naturforscher, der sich der experimentellen Methode bediene, eine kritische Prüfung des Weltbildes verwehrt sein müsse. Das traditionelle Weltbild dürfe, um der sittlichen Ordnung willen, nicht auf den Prüfstein präziser Empirie.

Galilei hat sich vor der Inquisition gebeugt. Man hält es für wahrscheinlich, daß der damals 69jährige Mann den Widerruf seiner Lehre, die Erde drehe sich um die Sonne, aus Angst vor dem Martyrium vollzog. Es ist aber auch möglich, daß Galilei allmählich zu der Überzeugung kam, er sei es den Menschen schuldig, die Ordnungskraft der Kirche, den Glauben der Menschen und die Sittlichkeit seiner Zeit nicht zu gefährden. Natürlich wußte Galilei, daß sich die Erde doch bewegt, aber er war möglicherweise bereit, ‚Erkenntnis' außerwissenschaftlichen Interessen, in diesem Fall den wohlverstandenen Interessen der Kirche, unterzuordnen. Was auch immer Galilei bei seiner Entscheidung dachte und fühlte, wir sind heute davon überzeugt, daß der Widerruf nicht nur taktisch, sondern auch moralisch falsch war. „Willkommen in der Gosse, Bruder in der Wissenschaft und Vetter im Verrat", so heißt es bei Bertolt Brecht im ‚Leben des Galilei'. Taktisch falsch war die Verurteilung des Galilei im Retrospekt auf jeden Fall: Das Urteil konnte den Aufstieg der Naturwissenschaften und den Niedergang der alten Ordnung nicht verhindern. Der Sieg der Inquisition über Galilei wandelte sich in eine Niederlage für die Kirche.

Die Kirchen haben sich trotz der Erfahrungen im ‚Fall Galilei' immer wieder in doktrinär versteifte Haltungen hineingesteigert. Die Verurteilungen der Evolutionstheorie zum Beispiel waren für das Verhältnis von Kirche und Wissenschaft ähnlich desaströs wie der ,Fall Galilei'. Die fundamentalistische Kritik an den neuen Perspektiven der Biomedizin hat die Kluft zwischen ethisch versierten Biologen und den Repäsentanten der Kirchen erschreckend vertieft.

Um keine Zweifel entstehen zu lassen: Den ,Fall Galilei' fassen wir auf als einen Konflikt zwischen dem Anspruch der Wissenschaft und dem Anspruch kirchlicher Doktrin. Es handelt sich nicht um einen Konflikt zwischen dem wissenschaftlichen Ethos und dem Gottesglauben. Als Naturforscher sind wir Repräsentanten einer bestimmten Weltsicht. Das wissenschaftliche Weltbild unserer Zeit ist zwar ein Weltbild ohne Gott – aber es ist nicht antitheistisch. Die meisten Naturforscher sind behutsam argumentierende religiöse Agnostiker, keine militanten Atheisten.

10.2 Wissenschaft als autonome Institution im pluralistischen Staat

Wissenschaft und Politik sind, das hat meine Generation gelernt, weitgehend, getrennte Teilsysteme der gesellschaftlichen Wirklichkeit, mit je eigenen Zielsetzungen und einem jeweils eigenen Verhaltenskodex.

An der Berührungsstelle der beiden Teilsysteme beobachten wir zwei Flüsse: Wissenschaft ist alimentierungsbedürftig, sie braucht Geld; Politik in der heutigen Welt ist auf das Sachwissen der Wissenschaft unabdingbar angewiesen.

Ein Vergleich der Teilsysteme offenbart die Unterschiede und die Voraussetzungen für erfolgreiches Zusammenwirken.

Dazu fünf Thesen:

1. Wissenschaft, auf ,Erkenntnis' zielend, ist ihrer Natur nach unpolitisch. Wissenschaft ist international, ihre Ergebnisse sind unabhängig von den politischen und sozioökonomischen Rahmenbedingungen. Die Maxwellschen Gleichungen der Elektrodynamik werden von allen Physikern akzeptiert und angewandt, unabhängig von ihrer Nationalität, ihrem Herkommen und ihrer politischen Überzeugung. Auf die Struktur der DNA und auf die Gesetze der Molekulargenetik verlassen sich alle Biologen auf der Welt.
2. Wissenschaft ist wahrheitsfähig, Politik ist nur konsensfähig. Es gibt keine politische Wahrheit, es gibt nur die politische Überzeugung und die entsprechende Entscheidung.
3. Bei einer wissenschaftlichen Aussage kommt es nicht auf deren politische Wirkung an, sondern auf ihren Wahrheitsgehalt. Wissenschaftliche Aussagen bedürfen deshalb keiner politischen Erörterung. Politische Instanzen können das kognitive Wissen zwar abweisen, aber sie können es nicht korrigieren.
4. Nur eine unpolitische Wissenschaft, die auf Distanz zum politischen Tagesgeschäft geht (um „unbeirrt von äußeren Rücksichten die wissenschaftliche Wahrheit zu suchen und zu bekennen", wie es auch heute noch in der Verpflichtungsformel für unsere Doktoranden heißt), kann jene Leistungen an

verläßlichem Verfügungswissen erbringen, auf die jede Politik und jede andere Praxis in der modernen Welt angewiesen ist.

5. Das gesunde Verhältnis zwischen Politik und Wissenschaft ist ein reziprokes Vertrauensverhältnis: Das Vertrauen der Politik in die Sachkompetenz und Unbestechlichkeit der Wissenschaft und das Vertrauen der Wissenschaft darauf, daß die Politik das Sachwissen respektiert und auf sachlich begründete Entscheidungen zielt.

Politische Kultur in der modernen, durch Wissenschaft und Technologie geprägten Welt setzt somit eine rigorose Trennung von wissenschaftlicher Aussage und politischer Bewertung voraus: Wissenschaftlich läßt sich unterscheiden, was der Sache nach richtig oder falsch ist. Die politische Schlußfolgerung aus dem, was wissenschaftlich richtig ist, kann in einem demokratischen Gemeinwesen aber nicht Sache der Wissenschaft sein.

Wer politische Entscheidungen trifft, ist durch Verfassung, Recht und Gesetz geregelt. Auf dieser Stufe hat in einer Demokratie der Wissenschaftler keine anderen Rechte und Pflichten als jeder andere mündige Staatsbürger auch. Die Verfassung der Bundesrepublik zum Beispiel sieht weder eine „Expertokratie" noch eine „Technokratie" vor, auch keinen „Ökologismus". Die Verantwortung für die Nutzung von Erkenntnis und Wenn-dann-Sätzen kann eine demokratische Gesellschaft nur als Ganzes übernehmen. Das Votum eines Naturwissenschaftlers hat hier kein besonderes Gewicht. Natürlich schließt der *Homo investigans* den *Homo politicus* nicht aus. Wir sind nicht in unser kulturelles Teilsystem eingesperrt. Dies darf aber nicht auf das wissenschaftliche Tun abfärben. Wenn ein wissenschaftliches Gutachten, ein wissenschaftliches Buch, eine wissenschaftliche Vorlesung, eine wissenschaftliche Expertise die Parteizugehörigkeit des Wissenschaftlers erkennen läßt, hat der Betreffende seinen Platz im Kreis der Wissenschaft verlassen. Gewiß kann der Wissenschaftler absichtlich und überlegt aus diesem Kreis heraustreten, indem er sich politisch äußert, aber er muß dies klar markieren und deutlich erkennen lassen, wann er als *Homo politicus* auf politische Zustimmung zielt und wann er als *Homo investigans* Sachverhalte wissenschaftlich begründen kann. Aus gutem Grund: Es ist eine alte Einsicht, daß Wissen und Weisheit häufig nicht Hand in Hand gehen. Auch hervorragende Wissenschaftler haben sich immer wieder mit politischen Entscheidungsvorschlägen blamiert und haben als Politiker versagt.

Dem Gemeinwohl wäre am besten gedient, wenn Wissenschaft und Politik konsequent als weitgehend getrennte Teilsysteme der gesellschaftlichen Wirklichkeit aufgefaßt würden, und wenn das Zusammenwirken der beiden Teilsysteme durch klare Regeln bestimmt wäre. Viele Schwierigkeiten, mit denen wir zu kämpfen haben, sind erst dadurch entstanden, daß sich immer mehr Leute in Dinge einmischen, von denen sie nichts verstehen. Vordringlich wäre die Entwicklung eines festumrissenen Ordnungsmodells zur Einführung unabhängigen wissenschaftlich-technologischen Sachverstandes in die politische Entscheidungsfindung. Wenn das Parlament seine Gestaltungsaufgaben in einer durch Wissenschaft und Technologie geprägten Zeit ernst nehmen will, kann es auf eine ständige wissenschaftliche Beratungskapazität nicht verzichten (s. Kapitel 9.3). Politisch bestimmte Beratergremien und Enquête-Kommissionen sind dafür nicht das geeignete Instrument – das hat die parlamentarische Praxis in der Bundesrepublik bewiesen.

Das oft beklagte prekäre Verhältnis von Wissenschaft und Politik betrifft nicht vorrangig die Ebene des Verfügungswissens. Das Orientierungswissen ist das Problem.

Wie gesagt, die politischen Instanzen können das kognitive oder das Verfügungswissen zwar abweisen oder diffamieren, aber sie können es nicht korrigieren. Die eigentliche Konfliktlinie durchzieht die Ebene des Orientierungswissens. Dies ist leicht einzusehen. Es gibt zwar ethische Argumente, es gibt den disziplinierten ethischen Diskurs als Teil eines kultivierten Lebens, aber es gibt keine ethischen Wahrheiten. Das Orientierungswissen, das unser persönliches Leben und unsere politische Praxis bestimmt, ist ein Wissen ohne bleibenden Wahrheitsanspruch. Daran wird auch ein Ethikrat nichts ändern, es sei denn, er führte uns zurück zur Herrschaft der Ideologien in der politischen Praxis. Dies wäre eine atavistische Sackgasse. In der modernen, pluralistischen Welt, in der wir zu unserem Glück leben, muss Orientierungswissen täglich neu bestätigt werden und zwar in einem rationalen Prozess, in den unsere jeweiligen Werte, unsere Logik und unser Sachwissen einfließen. Das Geflecht unseres Orientierungswissens ist nicht statisch, sondern dynamisch, dem Wandel unterworfen. Die neuen Dimensionen des Sachwissens und der Technologie haben das tradierte Orientierungswissen ins Fließen gebracht. Es ist diese Dynamik des Orientierungswissens, die uns erschreckt und beunruhigt, aber uns gleichzeitig beglückt, weil sie unserem Leben täglich neu Offenheit, Freiheit und Verantwortung schenkt.

Natürlich brauchen wir ethische Pfeiler, die das schwankende Orientierungswissen des einzelnen und der Gesellschaft stabilisieren. Die Religionen haben – zumindest in der wissenschaftlich geprägten westlichen Welt – ihre historische Rolle als Garanten des Orientierungswissens verloren. Wesentliche Gründe dafür sind die absurden, religiös motivierten und legitimierten Konflikte und auf der kognitiven Ebene das de facto-Ausscheiden von Theologie und Metaphysik aus dem Kanon der Wissenschaften.

Andererseits haben viele Wissenschaftler in den Diskursen um die richtigen Zukunftsstrategien jene Tugenden wieder entdeckt, die in der klassischen Ethik – etwa bei Thomas von Aquin – „Kardinaltugenden“ genannt wurden: Klugheit, Gerechtigkeit, Fairness und Maß, Mut und Verläßlichkeit. Mäßigung im Umgang mit der Natur wurde bereits im frühen Judentum damit begründet, dass die Natur Gottes Schöpfung sei. Ihrer habe man sich im Angesichte Gottes zu bedienen. Ich kann mir in der Tat nicht vorstellen, wie der Einzelne glücklich sein und die Gesellschaft auf die Dauer lebensfähig bleiben könnte, wenn wir nicht zu diesen Tugenden – sie sind für mich der Inbegriff praktischer Philosophie – zurückfinden. Zurückfinden bedeutet, dass diese Tugenden von prägenden Eliten gelebt werden.

Eine zweite stabile Säule, auf die wir uns im Fluss des Orientierungswissens stützen können, ist das Recht (Kapitel 7.2). Politische Kultur ist ohne Recht nicht denkbar. Rechtsgrundsätze, letztlich ein Weltethos, sind in der heutigen Welt, in der es auf den Fernbereich immer mehr ankommt, eine entscheidend wichtige Form des Orientierungswissens.

In den kleinen und mittleren Dimensionen sind unsere Rechtsordnungen und -Institutionen erstaunlich effektiv. Die Frage ist, wie wir die neuen Dimensionen bewältigen können. Bei einer Ethik für die moderne Welt geht es ja darum, Rechtsgrundsätze für eine zwar technisch und ökonomisch globalisierte, aber multikulturell gebliebene Welt zu finden. Wie lässt sich – auf der Ebene des Rechts – die Tendenz zur Globalisierung mit unserem Wunsch nach Erhalt kultureller Vielfalt verbinden?

Die dritte Säule, auf die sich meine Hoffnung stützt, ist die Wissenschaft. Die Wissenschaft ist eine Institution, der man tatsächlich Freiheit zubilligt, und zwar in der ganzen zivilisierten Welt. Der Artikel 5 unseres Grundgesetzes (Forschung ist frei) ist keine Phrase, sondern funktioniert in der Praxis. Dieser Artikel ist ein großes Privileg.

Warum ist die Wissenschaft frei? Die Antwort ist natürlich, dass nur auf diese Weise objektives Wissen (reliable knowledge) zustande kommen kann. Die Menschen spüren sehr wohl, dass sie bei der praktischen Führung ihres Lebens tagtäglich auf dieses Wissen unabdingbar angewiesen sind, auch wenn sie kognitiv an diesem Wissen nicht partizipieren. Deshalb nehmen sie es hin, dass die Institution Wissenschaft autonom bleibt.

Es ist wunderbar, wenn man innerhalb einer Institution arbeiten kann, die tatsächlich selbstbestimmt ist. Die Wissenschaft ist die einzige Institution, die dieses Privileg genießt.

Weiterführende Literatur zu 10

Hoping, H. (Hrsg) (2007) Universität ohne Gott? – Theologie im Haus der Wissenschaften. Herder, Freiburg

Mohr, H. (1991) Homo investigans und die Ethik der Wissenschaft. In: Wissenschaft und Ethik (H. Lenk, Hrsg.). Reclam, Stuttgart

Mohr, H. (1999) Wissen – Prinzip und Ressource, Kapitel 10: Wissenschaft und Doktrin. Springer, Heidelberg

Mohr, H. (2002) Das prekäre Verhältnis von Wissenschaft und Politik. Naturwiss. Rundschau 55, Heft 4, 2002

Spektrum der Wissenschaft. Dossier 2/2002

11

Wissen und Gesellschaft – ein resümierendes Gespräch

Das nach wie vor aktuelle Gespräch führten Dr. Klaus Rehfeld (NR) und ich am 24. November 1999 in Stuttgart. Es wurde, in den wesentlichen Punkten unverändert, in der Naturwiss. Rundschau *53*, Heft 2, 2000 und später in Mohr (2005) abgedruckt. Da diese Publikation inzwischen vergriffen ist, wird das überarbeitete Gespräch hier nochmals angeboten.

Vorspann

Kaum eine andere „Erfindung" der Menschheit ist so folgenreich wie die Wissenschaft. Wir profitieren von ihr im täglichen Leben mit großer Selbstverständlichkeit, doch es mangelt an Einsicht, wie sehr unser Wohl von der Forschung abhängt. In Deutschland ist ein Umdenken nötig, um an der Entwicklung grundlegender Innovationen teilzuhaben und die Zukunft aktiv mitzugestalten. Dies sind Thesen, die der Freiburger Biologe und Erkenntnistheoretiker Professor Hans Mohr in seinem Buch *Wissen – Prinzip und Ressource* vorträgt.

NR Wir stehen eigentlich vor einer schizophrenen Situation: „Wir haben uns längst in eine unauflösbare Abhängigkeit von der Wissenschaft begeben. Dies gilt sowohl in praktischer als auch in intellektueller Hinsicht". Andererseits – auch hier ein Zitat aus Ihrem Buch: „gelingt es dem Sachwissen immer weniger, sich angemessen im Bildungskanon zu verankern."... „Es hat sich auch kein Gespür entwickelt für die Größe und Würde der technologischen Innovationen unserer Zeit ..." Wie kommen wir aus diesem Dilemma heraus?

Mohr Ich glaube nicht, dass dies ein Dilemma ist. Was wir brauchen, ist öffentliche Sympathie für die Wissenschaft und Vertrauen in Technologie. Man darf nicht verlangen, daß jeder die intellektuelle Anstrengung auf sich nimmt, die modernen Naturwissenschaften und die aus ihnen entstandenen Technologien zu verstehen. Aber wir könnten mehr Sympathie schaffen, ein gegenseitiges Vertrauensverhältnis zwischen Wissenschaft und Öffentlichkeit aufbauen.

NR Ein solches Vertrauensverhältnis gilt auch für andere Bereiche?

Mohr Dieses Vertrauensverhältnis muss vor allem für Politik und Wissenschaft gelten. Man kann tolerieren, dass unser Tun von vielen nicht verstanden wird, aber ein permanentes Mißtrauen der politischen Entscheidungsträger gegenüber der Wissenschaft kann sich der moderne Staat nicht leisten. Deshalb ist in meinem Buch ein ganzes Kapitel dem Thema Wissenschaft im pluralistischen Staat gewidmet. Durch meine Tätigkeit an der Akademie für Technikfolgenabschätzung in Stuttgart habe ich erfahren, wie nötig es ist, gerade dieses Vertrauensverhältnis zu pflegen. In der Vergangenheit war das Vertrauen der politischen Repräsentanten in die moderne Wissenschaft die Regel. In der 2. Hälfte des 19. Jahrhunderts, ja bis in die 60er Jahre des 20. Jahrhunderts, wurde die Bedeutung der Wissenschaft für das Gedeihen der Staaten kaum ernsthaft bestritten.

NR Hat man – wenn man einmal hundert Jahre zurückblickt – von der Wissenschaft aber nicht zu viel erwartet, ihr zu viel zugetraut? War nicht Wissenschaftsgläubigkeit die Folge und die Abkehr von der Wissenschaft wiederum Konsequenz der unvermeidlichen Ernüchterung?

Mohr Den Begriff Wissenschaftsgläubigkeit habe ich bewusst nicht verwendet, weil die Ausführungen sonst einen pseudoreligiösen Beiklang bekommen. Wissenschaft will und kann nicht Ersatzreligion sein. Um es nochmals deutlich zu sagen: Das wissenschaftliche Weltbild ist ein Weltbild ohne Gott. Er kommt weder bei der Begründung empirischer Gesetze noch übergeordneter Theorien vor. Kein Wissenschaftler, der ernst genommen werden will, wird sich beim wissenschaftlichen Handeln oder Argumentieren auf das Wirken Gottes berufen.

NR Also keine Toleranz in dieser Hinsicht?

Mohr Die agnostische Haltung geht beim Wissenschaftler in aller Regel einher mit Respekt vor Religiosität. Religion ist ein Kulturfaktor. Der Wissenschaftler sollte sich nicht anheischig machen, den Menschen die Religiosität auszutreiben. Wenn sich aber – wie derzeit beim amerikanischen Kreationismus – religiöse Fanatiker in die Wissenschaft einmischen, so darf man dies nicht dulden. ‚Religion' ist außerhalb der Wissenschaft angesiedelt: "Science is universal, not part of any religion" (E. Pick). Es gibt keine christliche Chemie oder eine islamische Quantenmechanik. Eine auf religiösen Glaubenssätzen beruhende Kritik an wissenschaftlichen Aussagen ist nicht akzeptabel. Die aus religiösen Quellen gespeiste Kritik an dem Konzept einer biologischen Evolution zum Beispiel hat für die Wissenschaft von der Evolution keine Bedeutung.

NR Kehren wir zum Wissen bzw. Nichtwissen über naturwissenschaftliche Zusammenhänge zurück: Wissenschaft ist theoretisch wie praktisch erfolgreich. Warum ist dies zu wenig bekannt?

Mohr Es mangelt oft an grundlegendem Wissen. Ich habe zum Beispiel die Erfahrung gemacht, daß ein Großteil der Menschen in Baden-Württemberg, die sich über Gentechnik äußern, darüber kaum informiert sind. Sie bilden sich ihre Urteile aufgrund von Vorurteilen Man kann nach unseren Erfahrungen die meisten Menschen mit wissenschaftlichen Argumenten nur dann erreichen, wenn sie existentiell betroffen sind. Hier muss man ansetzen: Was man jedem gut vermitteln kann, das ist der enge Zusammenhang zwischen Wissenschaft und Wohlfahrt. Insbesondere im medizinischen Bereich sind die Vorteile der Gentechnik für jeden Betroffenen erlebbar. Dialysepatienten zum Beispiel gewinnen dank gentechnisch hergestelltem Erythropoietin eine völlig neue Lebensqualität. Und selbstverständlich kann man Landwirte für einen rationalen Dialog gewinnen, wenn sie erfahren, dass der Anbau transgener Maissorten eine drastische Reduktion des Einsatzes von Pflanzenschutzmitteln in Aussicht stellt.

NR Woher kommen die Vorurteile? Haben die Schulen, haben die Medien versagt?

Mohr Beide tragen eine große Verantwortung. Man muss aber im einzelnen analysieren, wer die öffentliche Meinung tatsächlich bestimmt. Nach unseren Erfahrungen wird die überragende Bedeutung der regionalen Blätter zum Beispiel häufig unterschätzt, die Rolle des Fernsehens wird überschätzt.

NR Ein Beleg für die Überlegenheit der Printmedien über das Fernsehen und deren besondere Verantwortung?

Mohr Zeitschriften und Zeitungen werden intensiver wahrgenommen, sie sind bei der Urteilsfindung wichtiger; sie vermitteln bleibende Eindrücke, denn man wird nicht so stark durch Nebensächliches abgelenkt.

NR Ihr Buch hat nicht nur das wissenschaftliche Denken, sondern auch die Zukunft unserer Wissensgesellschaft zum Thema. Um eine feste Grundlage zu legen, gehen Sie ausführlich auf verschiedene Formen des Wissens ein. Zwei Begriffe sind von zentraler Bedeutung: Verfügungswissen und Orientierungswissen. Beide zusammen stehen als Handlungswissen dem theoretisch-kognitiven Wissen gegenüber. Verfügungswissen, so Ihr Buch, ist anwendungsfähiges Wissen, es ermöglicht, die Natur rational zu beherrschen und bedeutet letztlich Macht. Orientierungswissen ist das Wissen um Handlungsmaßstäbe, es ist nötig, Verfügungswissen sinnvoll und sozialverträglich einzusetzen, es bedeutet Kultur. Sind Verfügungswissen und Orientierungswissen gleichrangig? Teilen sich Natur- und Geisteswissenschaften die Kompetenz für diese Wissensformen auf?

Mohr Orientierungs- und Verfügungswissen sind gleichermaßen wichtig, sie sind allerdings nicht symmetrisch, sie ergänzen einander. Die Welt, in der wir heute leben, ist dem Verfügungswissen entsprungen. Man darf sie deshalb nicht moralisierenden Dilettanten anvertrauen. Wir haben einmal formuliert: Orientierungswissen ohne Verfügungswissen ist „leer", Verfügungswissen ohne Orientierungswissen ist „blind". Was die Geisteswissenschaften betrifft: Sie haben sich lange Zeit als unentbehrliche Orientierungswissenschaften empfunden, daraus resultierte ihr Bildungsanspruch. Allerdings ist die Bilanz ernüchternd. Sozialwissenschaftler sind nach einer Äußerung von Niklas Luhmann nicht in der Lage gewesen, auch nur andeutungsweise eine Ethik bereitzustellen, mit der man begreifen und regulieren könnte, was geschieht. Derzeit gibt es eine nicht überbrückbare Kluft zwischen Wissenschaft – im Sinne von Science – und der gängigen Sozialphilosophie.

NR Sie gehen ausführlich auf die Evolutionäre Erkenntnistheorie und die Soziobiologie ein – sind diese biologischen Forschungszweige besonders geeignet, Orientierungswissen zu schaffen?

Mohr Beide spielen eine große Rolle, denn aus der evolutionären Analyse unserer Verhaltensstrategien ergeben sich Ansatzpunkte für die Frage: Warum handeln wir so, wie wir handeln? Daraus wiederum ergeben sich Konsequenzen für die Ethik. Ethik als strenge Wissenschaft hat die Funktion, über bestimmte Formen stringenter philosophischer Reflexion herauszufinden, was die einzelnen Moralsysteme wert sind. Die Moralsysteme selbst sind evolutionär entstanden, in aller Regel ohne explizite Reflexion. Moses zum Beispiel bündelte das Repertoire einer evolutionär entstandenen Stammesmoral. Für die kulturelle Modifikation der evolutionär gewordenen Stammesmoral besteht nur ein beschränkter Spielraum, und die Versuche, die evolutionär entstandenen Moralen ideologisch zu überspielen, hatten keinen dauerhaften Erfolg. Oberhalb der Moral brauchen wir vielmehr die Institution des Rechts. Das Recht, positive Rechtsgrundsätze, stabilisieren das menschliche Zusammenleben. Aber das Recht ist nicht unabhängig von der moralischen Substanz, die wir aus der Hominidenevolution mitgebracht haben. Erst wenn es gelingt, in einer Art Rückkopplung die überpositiven Grundsätze des positiven Rechts mit den unterliegenden moralischen Grundsätzen einigermaßen in Einklang zu bringen, ist ein stabiler Zustand erreicht, denn Rechtsgrundsätze werden nur dann akzeptiert, wenn sie mit den Überzeugungen, die die Menschen von Natur aus in sich tragen, verträglich sind. Wir kommen – auch global gesehen – nur mit einem Rechtssystem voran, das den Menschen intuitiv und emotional einleuchtet.

NR Damit haben Sie die Soziobiologie angesprochen, die unter der Prämisse „Prinzip Eigennutz“ die Antriebe unseres Handelns, etwa den Egoismus, aber auch den begrenzten Altruismus, verständlich macht. Welchen Beitrag liefert die Evolutionäre Erkenntnistheorie zu unserem Wissen?

Mohr Die Evolutionäre Erkenntnistheorie erhebt den Anspruch, sie könne, zumindest im Grundsätzlichen, die Entstehung unseres Erkenntnisvermögens während der biologischen Evolution erklären. Die Evolutionäre Erkenntnistheorie hilft uns aber auch, unsere kognitiven Grenzen zu markieren. Dies ist auch für das Orientierungswissen relevant. Die Evolutionäre Erkenntnistheorie macht verständlich, dass uns in bestimmten Dimensionen Anschauung und kategoriale Beherrschung verschlossen bleiben – im Großen in der Kosmologie, im Kleinen in der Quantenwelt. Wir leben im Mesokosmos, in einer Welt der mittleren Dimensionen. Diese Welt ist unsere physische und kognitive Nische, in der wir uns während der (Hominiden-) Evolution eingerichtet haben. Erst beim Vorstoß der Physik in die kleinen und großen Dimensionen von Raum, Zeit und Energie machte sich die mesokosmische Provinzialität unseres Erkenntnisvermögens bemerkbar. Wissenschaftliche Erkenntnis schränkt sich – so haben wir gelernt – außerhalb der mittleren Dimensionen auf das ein, was man mathematisch erfassen kann. Unser

Anschauungs- und Vorstellungsvermögen hingegen bleibt mesokosmisch. Niemand kann sich Strings, Photonen oder Lichtjahre vorstellen.

NR Ist es für die wissenschaftliche Praxis überhaupt wichtig, sich über erkenntnistheoretische Probleme Gedanken zu machen?

Mohr Man muss sich nicht mit diesen Fragen beschäftigen, um ein guter Wissenschaftler zu sein. Wenn man allerdings an Grenzen stößt, sind epistemologische Überlegungen von fundamentaler Bedeutung. Werner Heisenberg und Niels Bohr verdanken wir nicht ohne Grund tiefe erkenntnistheoretische Einsichten. Im Augenblick stößt die Nanotechnologie an eine epistemologische Grenze, eine ungewöhnliche Situation, dass eine technologische Entwicklung ein erkenntnistheoretisches Problem aufwirft, für das wir nicht gewappnet sind.

NR Gibt es Grenzen des Wissens?

Mohr Die Paradoxien der Quantentheorie zum Beispiel sind derzeit nicht auflösbar, hier gibt es offenbar eine prinzipielle Grenze, die uns begleitet, aber wir können damit leben. Ich selbst bin, als ich in meiner Doktorarbeit zur Entwicklung der Interferenzfilter beitrug, wie selbstverständlich davon ausgegangen, dass Licht ein Wellenvorgang ist, andererseits haben wir das Licht als Quantenstromdichte gemessen, ohne uns einer Problematik bewusst zu sein. Wir haben damit die Bohrsche Komplementarität täglich praktiziert. Wir ‚zwingen' mit unserer jeweiligen experimentellen Anordnung dieses eigenartige Gebilde, das Lichtquant, das wir direkt nicht packen können, dazu, sich als Partikel oder als Welle zu manifestieren. Diese Formulierung zeigt, daß wir auch als Wissenschaftler in den Vorstellungen der mittleren Dimensionen gefangen sind. Niels Bohr: „Die Quantentheorie ist ein wunderbares Beispiel dafür, daß man einen Sachverhalt in völliger Klarheit (mathematisch) verstanden haben kann, und gleichzeitig doch weiß, daß man nur in Bildern und Gleichnissen von ihm *reden* kann."

NR Ihre Darlegungen zur Erkenntnistheorie und weitere Themen wie Gesetz, Modell und Erklärung in der Wissenschaft, die wir hier ausklammern, sind Bausteine zu einem Verständnis von Wissen. Wissen wird aber auch praktisch angewandt, mit weitreichenden Konsequenzen. Einen eigenen Abschnitt widmen Sie der Verantwortung des Wissenschaftlers. Er ist, wie ich dem Buch entnehme, verantwortlich nicht nur für die Güte des Wissens, sondern auch für wissenschaftlich fundierte Technikfolgenabschätzung und -bewertung. Kann das wirklich jeder leisten?

Mohr Damit würde man die Wissenschaftler als Individuen überfordern. Die Wissenschaft *als Ganzes* muss dafür Sorge tragen. Technikfolgenabschätzung ist eine eigene Wissenschaftsdisziplin, die sich der Chancen und Risiken bestimmter Wissenschaftsentwicklungen widmet. Sie verlangt eine spezifische Kompetenz und eine eigene Professionalität. Andererseits muß es Wissenschaftler geben, die nur ihrer Forschung nachgehen, sei es in der Grundlagenforschung oder in der angewandten Forschung.

NR Ihr Buch hat auch eine wissenschaftspolitische Zielrichtung. Wissen ist eine Ressource, die besonderer Förderung bedarf. Ihrer Analyse nach sind wir hier in Deutschland noch gut in der Perfektionierung bestehender Technologie, während wir bei der Entwicklung von Basisinnovationen, die grundlegend Neues bringen, zurückfallen. Wie kamen wir in diese Lage?

Mohr Das lässt sich recht einfach beantworten. Wir leben in einer mentalen Wohlstandsfalle: Bei kleinem Wohlstand ist eine Gesellschaft zu technischen Neuerungen und Risiken bereit, aber bei großem Wohlstand ist die Risikobereitschaft praktisch gleich Null. Je besser es einem geht, um so eher wünscht man sich, dass die Dinge so bleiben wie sie sind. Diese Mentalität, die auf Innovationen verzichtet, können wir uns angesichts eines weltweiten Standortwettbewerbs nicht mehr leisten.

NR Gibt es Wege aus der Wohlstandsfalle? Wie kommen wir zu Innovationen?

Mohr Das Innovationsproblem ist nicht auf ein Bildungsproblem zu reduzieren. Innovationen werden in einem komplexen Wechselspiel zwischen Wissenschaft, Wirtschaft und Politik hervorgebracht. Entscheidend sind verbesserte Kommunikations- und Kooperationsbeziehungen zwischen allen beteiligten Gruppen. Neue Ansätze scheitern oft an Denkroutinen und institutionellen Ordnungen. Deshalb sind Brückeninstitutionen so bedeutsam, die die Kooperation zwischen Wissenschaft und Wirtschaft verbessern oder Institutionen der Technikfolgenabschätzung, die den gesellschaftlichen Diskurs über neue Technologie initiieren und kompetent führen.

NR Wissenschaft hängt von sozioökonomischen Bedingungen ab. Nun stößt das wirtschaftliche Wachstum an eine Grenze. Was sind die Konsequenzen für die Wissenschaft?

Mohr Die Grenzen des Wachstums sind real. Doch ohne Wirtschaftswachstum können wir die Zukunft nicht gewinnen. Unter dem Druck dieser Einsicht entstand Mitte der 90er-Jahre das Konzept des *qualitativen* Wachstums (Mohr 1995). Es bedeutet, dass das Wachstum einer Volkswirtschaft mit immer geringeren Vorleistungen an nicht erneuerbaren Ressourcen und Umweltverzehr erzielt wird. Materielle Ressourcen und physikalische Arbeit werden verstärkt durch geistige Arbeit ersetzt. Wissen ersetzt Energie und Rohstoffe. Wenn wir im globalen Rahmen wettbewerbsfähig bleiben wollen, können wir dies nur mit qualitativem Wachstum. Eine neue Konjunktur ist deshalb untrennbar verknüpft mit mehr Wissen, neuen Technologien, hochwertigen Produkten und hochqualifiziertem Humankapital.

NR Wie stehen unsere Chancen?

Mohr Noch liegen wir gut im technologischen Rennen der Nationen, aber die gesamte Gesellschaft muss die Bedeutung neuen Wissens für künftigen Wohlstand erkennen und den Mut haben, die Chance, die das Wissen bietet, zu nutzen. Sapere aude! Wagen wir es endlich, vernünftig zu sein!

Weiterführende Literatur zu 11

Dearing, A. (2007) Enabling Europe to innovate. Science *315*, 344–347

Landes, D. (1999) Wohlstand und Armut der Nationen. Siedler, München

Mohr, H. (1995) Qualitatives Wachstum. Weitbrecht, Stuttgart

Mohr, H. (1999) Wissen – Prinzip und Ressource. Springer, Heidelberg

Mohr, H. (2005) Strittige Themen im Umfeld der Naturwissenschaften – Ein Beitrag zur Debatte über Wissenschaft und Gesellschaft. Schriften der Mathematisch-naturwissenschaftlichen Klasse der Heidelberger Akademie der Wissenschaften, Nr. 16. Springer, Heidelberg

Omenn, G. S. (2006) Grand challenges and great opportunities in science, technology, and public policy. Science *314*, 1696–1704

Personenverzeichnis

Sachverzeichnis

Druck: Krips bv, Meppel, Niederlande
Verarbeitung: Stürtz, Würzburg, Deutschland